Jahrbuch des Staatlichen Instituts für Musikforschung

Preussischer Kulturbesitz

1969

herausgegeben von

DAGMAR DROYSEN

mit 8 Abbildungen

und 6 Tafeln

Walter de Gruyter & Co·

BERLIN 1970

Satz und Druck: Thormann & Goetsch, Berlin – Printed in Germany
Ausstattung: Barbara Proksch

INHALT

TONSYSTEM UND KONTRAPUNKT UM 1500

Carl Dahlhaus

I

Man wird der These, daß der Zusammenhang zwischen Tonsystem und Kontrapunkt um 1500 paradox gewesen sei, zunächst mit Mißtrauen begegnen. Denn die Vorstellung, daß das Tonsystem einer Epoche Voraussetzung und Fundament des Kontrapunkts sei, ist fest eingewurzelt. Und sofern ein Tonsystem nichts anderes als der Tonvorrat wäre, über den eine Epoche verfügt, wäre der Argwohn gerechtfertigt. Der Satz, daß die Grenzen eines Tonsystems auch die des Kontrapunkts seien, wäre eine Trivialität.

Ein System ist jedoch, nimmt man den Begriff beim Wort, ein Gefüge, also ein Inbegriff von Relationen, nicht von bloßen Bestandteilen. Die Gewohnheit, bereits den Tonbestand, das Material, als System zu bezeichnen, bedeutet eine Verflachung oder sogar einen Mißbrauch des Terminus. Nicht der Tonvorrat c-d-f-g-a-c^1, sondern das Gefüge der Quint-, Quart- und Ganztonbeziehungen, die zwischen den Tönen bestehen, macht das System der halbtonlosen Pentatonik aus.

Der Unterschied, der als Differenz zwischen Form und Material begriffen werden kann, zeigt sich deutlicher, wenn man berücksichtigt, daß Tonsysteme als Systeme von Tonrelationen auf Prinzipien beruhen, die nicht an einen bestimmten, immer gleichen Tonbestand gebunden zu sein brauchen. Form und Material sind nicht selten unabhängig voneinander. Aus demselben Prinzip, der Reihung von Quinten, gehen verschiedene Tonbestände hervor: ein pentatonischer (c-d-f-g-a = f-c-g-d-a) und ein heptatonischer (c-d-e-f-g-a-h = f-c-g-d-a-e-h). Und umgekehrt ist derselbe Tonbestand, der heptatonische, aus verschiedenen Prinzipien deduzierbar: aus der Reihung von Quinten oder aus der Ausfüllung eines Drei-Quinten-Gerüstes (f-c-g-d) durch Terzen (f-a-c-e-g-h-d). Die Diatonik des Mittelalters beruhte, um mit groben Kategorien zu operieren, auf dem ersten, die der Neuzeit auf dem zweiten Prinzip.

Ein Tonsystem muß andererseits von der Stimmung oder Temperatur unterschieden werden, in der es erscheint oder sich verwirklicht. Eine Stimmung ist gleichsam die akustische Außenseite; und sie kann manchmal, wenn auch nicht immer, mit einer anderen vertauscht werden, ohne daß das Tonsystem, dessen äußere Darstellung sie ist, aufgehoben oder auch nur in seiner musikalischen Bedeutung modifiziert wäre. Das Quint-Terz-System, die Skala, die auf der Ausfüllung eines Quinten-Gerüstes durch Terzen beruht, ist in der Orgelmusik des späteren 16. Jahrhunderts im allgemeinen durch eine mitteltönige, in der Lautenmusik durch eine gleichschwebend temperierte und in der unbegleiteten Vokalmusik durch Annäherungen an die harmonisch-reine Stimmung akustisch dargestellt worden. Am Tonsystem, dem Gefüge aus Quint- und Terzrelationen, änderte der Wechsel der Stimmungen nichts. Die Vorstellung, daß eine Komposition, wenn sie auf der Orgel oder der Laute gespielt wurde, statt gesungen zu werden, in ein anderes Tonsystem versetzt worden sei, wäre absurd.

Ist demnach ein Tonsystem von der Stimmung abzuheben, in der es sich akustisch realisiert und gleichsam nach außen wendet, so muß andererseits die Summe der insgesamt vorhandenen Tonstufen – die Materialtonleiter, um in der Sprache der Musikethnologie zu reden – von der Gebrauchstonleiter, also dem Tonbestand, der für ein einzelnes Stück verfügbar ist, unterschieden werden. Die Gebrauchstonleiter war um 1500 in der Regel – einer Regel, die kaum Ausnahmen duldete – elftönig. Außer den sieben diatonischen Stufen umfaßte sie die Töne b, fis, cis und gis. Die vier Zusatztöne waren jedoch nicht gleichberechtigt. Eine Tiefalteration galt als essentiell, als Ergänzung der Skala durch eine weitere Stufe, eine Hochalteration dagegen als akzidentell, als flüchtige Umfärbung eines Tones. Während das b, die Fa-Stufe des Hexachords molle, zur musica vera oder naturalis gehörte, wurden fis, cis und gis, die Subsemitonien zu g, d und a, als musica ficta oder accidentalis abgetan. Die musica vera, das Drei-Hexachord-System, war acht-, nicht siebentönig. Und nichts wäre falscher, als sich über das Drei-Hexachord-System mit der Behauptung hinwegzusetzen, die heptatonische Skala sei die einzig „natürliche" und jede andere bloße Konstruktion einer der Praxis entfremdeten Theorie. Als „natürlich", als musica naturalis, galt um 1500 die Oktatonik mit b neben h.

Die Skala konnte um eine oder zwei Quinten (einen Ganzton) abwärts transponiert werden. Die einfache ♭-Vorzeichnung war um 1500 häufig, die doppelte seltener. Den Ergänzungston, das Analogon zu dem quasi-diatonischen b der ♮-Skala, bildete in der ♭-Skala das es, in der Doppel-♭-Skala das as. Die Materialtonleiter war also 13tönig; sie reichte von as auf der Unterquint- bis zu gis auf der Oberquintseite. Der Ton as geriet allerdings auf Tasteninstrumenten in Kollision mit gis.

Ein Tonsystem ist ein Intervallgefüge, das sich in primäre und sekundäre Relationen gliedert. Neben konstitutiven Tonbeziehungen, dem Material der Melodik und Harmonik, umfaßt es tote Intervalle, die nicht gebraucht werden, obwohl sie im Tonvorrat enthalten sind. In älteren Tonsystemen ist nicht jeder Ton auf jeden anderen bezogen. Daß in einer Skala b neben h vorkommt, besagt nicht, daß der chromatische Halbton, sei es als unmittelbare oder indirekte Relation, zu den zulässigen Intervallen gezählt wurde. Odo von Saint-Maur und Guido von Arezzo erlaubten zwar, wenn auch zögernd, b neben h, verboten aber, daß die beiden Töne, die nona prima und die nona secunda, im selben Gesang verwendet wurden; der chromatische Halbton war ein totes Intervall, dessen Töne sich gegenseitig ausschlossen.

War die Gebrauchstonleiter um 1500 essentiell acht- und akzidentell elftönig, so stellte das Hexachord, die Tonreihe c-d-e-f-g-a (f-g-a-b-c-d, g-a-h-c-d-e), den Inbegriff der Tonbeziehungen dar, die als Zusammenklänge oder melodische Intervalle zulässig waren. Intervalle, die aus zwei Stufen desselben Hexachords oder deren Oktaven gebildet werden können, galten als relationes harmonicae, die übrigen als relationes non harmonicae. Und die „unharmonischen", die aus dem Hexachord herausfallenden Tonbeziehungen, der Tritonus, der chromatische Halbton, die übermäßige Quinte und die verminderte Septime, waren verpönt und vom regulären Kontrapunkt ausgeschlossen. Als Mittel, um „harmonische" Relationen von „unharmonischen" abzugrenzen, stellte demnach das oft als nutzlos verleumdete Hexachord eine Kategorie der musikalischen Praxis und kein bloßes Schema einer wirklichkeitsfremden Theorie dar.

Man könnte vermuten, daß das System der relationes harmonicae Voraussetzung und Fundament des Kontrapunkts um 1500 gewesen sei, ähnlich wie sich im 18. Jahrhundert der Kontrapunkt in Grenzen hielt, die durch die tonale Harmonik vorgezeichnet waren. Niemand wäre erstaunt, wenn man so komponiert hätte, daß melodische Tritoni, chromatische Querstände und verminderte Quinten Note gegen Note über dem Baß vermieden wurden. Es genügt jedoch, einige Werke von Josquin oder Obrecht zu untersuchen, um die enttäuschende Erfahrung zu machen, daß die Scheu der Komponisten vor den „errores evidentes", wie Tinctoris die relationes non harmonicae nannte, gering war. Immer wieder gerät ein Herausgeber, der sich um eine widerspruchslose Akzidentiensetzung bemüht, in die Verlegenheit, zwischen h und b wählen zu müssen und dennoch — gleichgültig, wie er sich entscheidet — eine relatio non harmonica nicht vermeiden zu können: Wird durch eine Alteration von h zu b ein melodischer Tritonus (f-h) umgangen, so entsteht durch den Eingriff andererseits eine verminderte Quinte Note gegen Note über dem Baß (e-b), die nur zu korrigieren wäre, wenn man den Baßton e zu es alterierte, dafür aber einen melodischen Tritonus (a-es) in Kauf nähme, so daß sich der Zirkel der „errores evidentes" schließt.

Zwischen b und h oder es und e besteht — mindestens nach modernen Begriffen, von denen allerdings nicht sicher ist, daß sie der Musik des späten 15. Jahrhunderts adäquat sind — eine in die musikalische Struktur, die Bedeutung der Zusammenklänge, tief eingreifende Differenz. Und der Sachverhalt, daß Entscheidungen zwischen b und h oft nichts anderes als eine Wahl des geringeren Übels darstellen, ist verstörend, wenn er auch nach einem Jahrhundert editorischer Bemühungen für manche Historiker ein so gewohntes Dilemma ist, daß ihnen kaum mehr auffällt, wie seltsam er ist. So dürfte es nicht überflüssig sein, einige Akzidentienprobleme aufzugreifen, und zwar nicht, um sie zu lösen, sondern um zu zeigen, was es besagt, daß sie überhaupt entstehen konnten. Wie ist es möglich, daß es manchmal unmöglich ist, zwischen b und h zu entscheiden?

II

Manche Konflikte und Widersprüche in der Akzidentiensetzung sind unaufhebbar. Nicolas Gombert exponiert im Agnus Dei II der Messe *Media vita* (ed. 1954, S. 30) den chromatischen Halbton als Zusammenklang, der aus dem Kontext grell hervorsticht, obwohl er durch Seitenbewegung der Stimmen entsteht (Takt 45).

Eine Korrektur ist unmöglich. Alteriert man den Ton e zu es, so resultieren in Takt 44 ein Tritonussprung (a-es) als melodisches Intervall und eine verminderte Quinte als Zusammenklang (A-es). Und ginge man, um die relationes non harmonicae zu vermeiden, einen Schritt weiter, so müßte man die Takte 43 und 44 als „secret chromatic art" im Sinne Edward E. Lowinskys (1946) deuten, also behaupten, daß eigentlich die Klangfolge Es-Dur/ b-moll/ Des-Dur/ As-Dur gemeint sei, die aber von Gombert als Es-Dur/ B-Dur/ d-moll/ a-moll notiert wurde, weil er den Schein wahren wollte, daß er sich in den Grenzen des von der Theorie kanonisierten Drei-Hexachord-Systems halte. Die Chromatisierung wäre jedoch ein so gewaltsamer Eingriff in den überlieferten Notentext, daß es schwer fiele, sie zu rechtfertigen. Und es ist wahrscheinlicher, daß für Gombert die Kollision zwischen e und es kein satztechnisches Problem war, das ihn beunruhigte, sondern ein gleichgültiger Zufall, über den er sich gelassen hinwegsetzte.

Daß es manchmal nicht möglich ist, zwischen der Szylla der einen relatio non harmonica und der Charybdis der anderen einen Ausweg zu entdecken — um es pathetisch auszudrücken —, sollte nicht den Historikern, denen es, wie man meinen könnte, an einfühlender Phantasie mangele, zur Last gelegt werden. Der Glaube an „verloren gegangene Selbstverständlichkeiten" der Aufführungspraxis, deren Kenntnis oder Rekonstruktion sämtliche Schwierigkeiten aufheben würde, jagt einem Phantom nach; der „reine", nicht durch übermäßige Quarten und verminderte Quinten getrübte Tonsatz, den man zu restaurieren sucht, hat niemals existiert. Die verstörende Indifferenz von b und h — die Unmöglichkeit einer Entscheidung in manchen Konfliktfällen — ist nicht Zeichen eines Versagens der Interpretation, sondern ein Merkmal der Sache selbst. Man kann die Widersprüche nicht immer auflösen, sondern muß zu begreifen versuchen, wie sie möglich waren und warum sie geduldet wurden.

Eine der Voraussetzungen, ohne die ein Kontrapunkt, in dem nicht selten die Wahl zwischen b und h oder es und e offen bleibt, unbegreiflich wäre, ist zweifellos das Verfahren, Satzregeln abstrakt, mit Begriffen wie consonantia perfecta und imperfecta zu formulieren: eine Methode, die auf das Denken der Komponisten nicht ohne Einfluß gewesen sein kann. Die Tendenz zur Abstraktion, die uns kaum auffällt, weil wir an sie gewöhnt sind, tritt drastisch hervor, wenn man die Regeln des Kontrapunkts mit denen der Harmonielehre vergleicht. Nicht von einem bestimmten Intervall, der großen Sexte oder gar der Sexte B-g im Unterschied zu H-gis, ist die Rede, sondern von der Sexte schlechthin oder von der unvollkommenen Konsonanz, dem Inbegriff sämtlicher Terzen und Sexten. Was in der Harmonik primär und von tiefgreifender Bedeutung ist, die Differenz zwischen B-g und H-gis, scheint im Kontrapunkt — nach der Sprache zu urteilen, in der die Regeln formuliert werden — sekundär und beinahe gleichgültig zu sein. Und so liegt die Vermutung nahe, daß Akzidentienkonflikte wie die Kollision von e und es in Gomberts Agnus Dei eine Konsequenz abstrakten musikalischen Denkens sind. Ist die kompositorische Phantasie an das Operieren mit Klassen von Intervallen, mit Vorstellungen wie Quinte oder Sexte schlechthin, gewöhnt, so gerät sie unwillkürlich in Versuchung, über die Differenz zwischen einer reinen und einer verminderten Quinte hinwegzugehen und einen Tonsatz so zu konzipieren, als existiere der Unterschied nicht. Daß die Sequenz in Gomberts Agnus Dei innerhalb der Grenzen des Drei-Hexachord-Systems nicht ohne harmonischen Bruch realisierbar ist, wird hingenommen, als sei es irrelevant. Der Kontrapunkt ist abstrakt.

Daß die Termini consonantia perfecta und imperfecta als Begriffe, mit denen Kontrapunktregeln formuliert werden, ein Resultat extremer Abstraktion darstellen, ist den Theoretikern des 15. Jahrhunderts bewußt gewesen. Prosdocimus de Beldemandis legt einer Beschreibung der Zusammenklänge im *Tractatus de contrapuncto* die Abstufung nach Abstraktionsgraden als Gliederungsschema zugrunde (CoussS III, 195 a—196 a). Und zwar steigt er vom Allgemeinen zum Besonderen ab. Zunächst unterscheidet er Konsonanzen und Dissonanzen, dann vollkommene und unvollkommene Konsonanzen, die er einzeln aufzählt, und schließlich zwei Versionen jeder Konsonanz, eine große und eine kleine. Die Quinta minor und die Octava minor, die verminderte Quinte (e-b) und die verminderte Oktave (H-b), bringen allerdings die Klassifikation der Intervalle in Verwirrung. Ist zunächst von einer doppelten Gestalt sämtlicher Konsonanzen die Rede, so daß es scheint, als werde die Quinta minor zu den Konsonanzen gezählt — *„Item sciendum quod duplex reperitur quelibet consonantia preter unisonum"* —, so heißt es wenige Zeilen später, daß die verminderte Quinte eigentlich eine Dissonanz sei. *„Quinta vero minor est illa que in se continet duos tonos cum duobus semitoniis, et nullam in se firmam retinet proportionem, nec consonans combinatio est, sed inter combinationes vere discordantes numeratur"* (Beldemandis, CoussS III, 195 b). Der Widerspruch ist jedoch kein zufälliger Mangel, sondern Zeichen eines abstrakten musikalischen Denkens, das vom Allgemeinbegriff der Quinte als einer Konsonanz ausgeht, um erst später, in einem Nachtrag oder Zusatz, die verminderte Quinte als defizienten Modus einer Konsonanz — der in deren Gegenteil, in eine Dissonanz, umschlägt — zu bestimmen.

Ähnlich charakteristisch wie die Störung im Intervallsystem des Prosdocimus ist der Umweg, den ein Anonymus des späteren 15. Jahrhunderts einschlägt, um auszudrücken, daß verminderte und übermäßige Quinten und Oktaven vermieden werden sollen. *„Quum tenor habet mi in b fa, ♮ mi, tunc contrapunctus non debet habere perfectam speciem in* *fa et e converso; quum tenor habet fa in b fa, ♮ mi, tunc contrapunctus non debet habere perfectam in mi,...*" (ANONYMUS XI CoussS III, 463 b). Statt die verminderten und übermäßigen Intervalle vom Begriff der perfecta species auszuschließen, zählt der Anonymus sämtliche Intervalle, die im Notenbild als Quinten und Oktaven erscheinen, zu den vollkommenen Konsonanzen und verbietet die dissonierenden chromatischen Varianten durch eine ergänzende Mi-contra-Fa-Regel. Die Verwirrung ist jedoch nichts anderes als das Zeichen und Resultat eines Wechsels zwischen zwei Abstraktionsstufen: Gegenstand der Theorie ist primär der abstrakte Kontrapunkt, der nicht mit bestimmten Intervallen, sondern mit Intervallklassen rechnet; erst durch Zusatzbestimmungen wird er zum konkreten oder harmonischen Kontrapunkt, von dem die Theoretiker erwarten, daß er sich in den Grenzen des Systems der relationes harmonicae halte. Auf den abstrakten Kontrapunkt, der durch eine Notation ohne Vorzeichen und Schlüssel graphisch dargestellt werden kann, sind die Dissonanzregeln und das Parallelenverbot, auf den harmonischen Kontrapunkt die Warnungen, Mi gegen Fa zu setzen, bezogen.

Sekunden, Quarten (über der Unterstimme) und Septimen sind Dissonanzen, die man insofern als regulär bezeichnen könnte, als sie durch Vorschriften, die den erlaubten Gebrauch eindeutig vom unzulässigen abgrenzten, in den Tonsatz einbezogen und integriert waren. Verboten als Dissonanzen Note gegen Note, gehörten sie als Durchgänge auf unbetonter und als vorbereitete Vorhalte auf betonter Zeit zu den Requisiten des Kontrapunkts, die in kaum einem Takt fehlten. Dagegen waren die chromatischen Intervalle, die übermäßigen und verminderten Quinten und Oktaven, als irreguläre, aus dem System herausfallende Zusammenklänge suspekt.

Johannes TINCTORIS unterscheidet im *Liber de arte contrapuncti* von den regulären Dissonanzen, den Sekunden, Quarten, Septimen und ihren Oktaverweiterungen, eine zweite Gruppe von Dissonanzen, die man, wie er erwähnt, gewöhnlich „falsae concordantiae" nannte. „*Denique praeter discordantias praedictas... aliae intra tridiapason discordantiae comperiuntur, quas vulgariter falsas concordantias vocant, scilicet:*

Diapente imperfectum
Diapente superfluum } *id est falsa quinta*

Diapason imperfectum
Diapason superfluum } *id est falsa octava...*" (TINCTORIS, CoussS IV, 124 b).

Der Ausdruck „vulgariter" verrät, daß es die Kontrapunktisten waren, die von „falsae concordantiae" sprachen. Die Theorie, die ein Intervall nach der Zahlenproportion beurteilte, die es repräsentiert, subsumierte die verminderte und die übermäßige Quinte und Oktave dem Begriff der Dissonanz, der discordantia. Im Kontrapunkt aber erschienen die chromatischen Intervalle, sofern sie nicht vermieden wurden, im allgemeinen an der Stelle von Konsonanzen. Das „Diapason imperfectum" war satztechnisch ein defizienter Modus der Oktave, eine „falsa concordantia", die eine „vera concordantia" verdrängte. Und in den Exempeln des TINCTORIS (CoussS IV, 127 b) sind die chromatischen Intervalle Zusammenklänge Note gegen Note, die durch rigorose Anwendung der Regeln über die musica ficta entstehen.

Nicht anders als der Anonymus XI begreift auch Tinctoris — wenn vom Kontrapunkt und nicht von mathematischer Intervalltheorie die Rede ist — die chromatischen Quinten und Oktaven primär als Konsonanzen, die erst sekundär so alteriert und gleichsam verzerrt werden, daß sie in Dissonanzen umschlagen. Und er verbietet sie zwar, kann aber nicht leugnen, daß sie in der Praxis vorkamen, und zwar nicht nur in der Interpretation, also durch Zufall, sondern auch in der Komposition. „*Quippe et falsum unisonum et falsum diapente, et falsum diapason et quamlibet aliam falsam concordantiam, per defectum aut superabundantiam semitonii majoris effectam evitare debemus. Id enim est quod in primis a magistris scholaribus praecipitur ne mi contra fa in concordantiis perfectis admittant. Verumtamen saepissime apud infinitos compositores etiam celeberrimos oppositum comperi,...*" (TINCTORIS, CoussS IV, 146 a). Der Superlativ mag eine Übertreibung sein; daß aber die „falsae concordantiae" nicht immer vermieden wurden, steht fest.

Allerdings wurde so komponiert, als gäbe es sie nicht: als sei jede Quinte oder Oktave, die man notierte, als reine Quinte oder Oktave darstellbar. Und dort, wo eine Kollision unvermeidbar war, wie in Gomberts Agnus Dei, wurde der alterierte Ton, der mit einem nicht alterierten zusammenstieß, als Akzidens im Wortsinn: als Zufall empfunden, der das Wesen der Sache, den abstrakt gedachten Kontrapunkt, nicht berührte. Gleichgültigkeit gegenüber der niederen Empirie — gegenüber Schwierigkeiten bei der Realisierung des Tonsatzes — ist die Reversseite der Abstraktion.

Der Unterschied zwischen dem Begriff der Quinte schlechthin und dem der großen oder kleinen Quinte kehrt in der Notation als Differenz zwischen dem Bild des Intervalls im Liniensystem und der Spezifikation durch Schlüssel und Vorzeichen wieder. Der abstrakte Kontrapunkt ist notierbar. Er entzieht sich der musikalischen Vorstellung, die sich eine Quinte nur als bestimmte Quinte, nicht als Inbegriff eines reinen, eines verminderten und eines übermäßigen Intervalls vergegenwärtigen kann, und läßt sich dennoch nicht als Fiktion der Theorie, als bloßes Begriffsgespenst abtun. Denn vom Prinzip des abstrakten Kontrapunkts ist die Konzeption der *Missa cuiusvis toni* von OCKEGHEM getragen, eines Werkes, das als Ausprägung einer Tendenz verstanden werden muß, die latent und unausgesprochen im kontrapunktischen Denken des 15. Jahrhunderts immer schon enthalten war. Die Methode, Satzregeln abstrakt zu formulieren, wird von Ockeghem gleichsam kompositorisch beim Wort genommen. Die Möglichkeit, die notierten Stimmen der Messe in allen Tonarten — im dorischen, phrygischen, lydischen und mixolydischen Modus — zu singen, bedeutet satztechnisch nichts anderes, als daß die genaue Bestimmung der Intervalle, die Entscheidung zwischen großer und kleiner Sekunde, Terz, Sexte und Septime, vom Komponisten offen gelassen wird. Und auch die Quinta minor, die verminderte Quinte Note gegen Note über dem Baß, ist nicht vermieden, sondern als eine der Ausprägungen der Quinte einbezogen. Ockeghems Messe ist kein entlegenes, für den Entwicklungsstand des Kontrapunkts im 15. Jahrhundert irrelevantes Experiment gewesen. In ihr wird vielmehr ein Gedanke deutlich ausgeprägt und ins Extrem verfolgt, der für die Kompositionstechnik des 15. Jahrhunderts insgesamt charakteristisch zu sein scheint: die Idee eines Kontrapunkts, der von seiner Lage oder Lokalisation im Tonsystem weitgehend unabhängig ist. Und mit der Gleichgültigkeit gegenüber Akzidentienkonflikten, dem Zeichen abstrakten musikalischen Denkens, hängt der Tonsatz cuiusvis toni eng zusammen: Er ist um so eher realisierbar, je unbekümmerter sich ein Komponist über relationes non harmonicae hinwegsetzt.

III

Der Gedanke eines gegenüber dem Unterschied zwischen großer und kleiner Sexte indifferenten Kontrapunkts ist unvereinbar mit der gewohnten Vorstellung, daß die Skala das Fundament des Tonsatzes bilde. In der *Missa cuiusvis toni* — einem Extrem, das aber die Implikationen des Alltäglichen nicht unkenntlich, sondern gerade kenntlich macht — gleicht der Kontrapunkt einer abstrakten Form, die jenseits ihrer stofflichen Verwirklichung für sich besteht, und das Tonsystem einem Material, dem die Form eher von außen aufgeprägt wird, als daß sie aus ihm entwickelt würde.

Notiert ist die Penultima einer a-Klausel als Sexte schlechthin; H-g ist nicht als das gemeint, was dasteht, sondern als abstraktes Intervall, dessen nähere Bestimmung als kleine oder große Sexte und als B-g oder H-gis der Interpretation überlassen bleibt. Die Entscheidung zwischen der Subsemitonium-Klausel und der phrygischen Kadenz gehört nicht zur Komposition, sondern zur „Außenschicht" des Werkes, die von einer Aufführung zur anderen wechseln kann, ohne daß dadurch der musikalische Text verzerrt oder die Intention des Komponisten verfehlt würde. Erst im zweiten Drittel des 16. Jahrhunderts verfestigte sich die Akzidentiensetzung allmählich zu einem Teil der Komposition. Um 1500 war sie noch — von wenigen ausgeschriebenen Vorzeichen abgesehen — der Reproduktion vorbehalten, so daß die Bemühung um eine „authentische" Fassung vergeblich ist: ähnlich vergeblich, wie es der Versuch wäre, die vom Komponisten intendierte vokale oder instrumentale Besetzung zu rekonstruieren. Selbst wenn es gelänge, die Klanggestalt der ersten Aufführung zu ermitteln, wäre das Resultat zwar historisch von Interesse, aber sachlich irrelevant, weil es dem Wesen eines prinzipiell variablen Moments widerspricht, auf eine seiner Realisierungen, und sei es die früheste, festgelegt zu werden. Die philologische Bemühung um „Authentizität" greift ins Leere.

Die Akzidentiensetzung, die Wahl zwischen B-g und H-gis als Penultima der a-Klausel, war im 15. Jahrhundert ähnlich offen und veränderlich, wie es die Bestimmung der Klangfarbe noch im 17. gewesen ist; zu einem integralen Moment der Komposition wurde die Instrumentation erst im 18. und 19. Jahrhundert. Und der abstrakte Kontrapunkt ist am ehesten verständlich, wenn man ihn als Stufe eines Rationalisierungs- und Verfestigungsprozesses in der Geschichte der Mehrstimmigkeit begreift: als Station auf dem Wege vom Gerüstsatz des 12. Jahrhunderts, der die melodischen Details der Improvisation überließ, zu den Partituren des 20. Jahrhunderts, die sich zur Notation des kaum Notierbaren, zur Fixierung geringster agogischer Differenzen vortasten. Die in manchen Fällen nicht ohne Willkür zu behebende Unentschiedenheit zwischen b und h, eine Indifferenz, die — wie erwähnt — im Tonsatz selbst und nicht in den Mängeln unserer Kenntnis „verloren gegangener Selbstverständlichkeiten" der Aufführungspraxis begründet ist, wäre unbegreiflich, wenn die Alternative zwischen der nona prima b und der nona secunda h, um mit Odo von Saint-Maur zu sprechen, um 1500 eine ähnlich eingreifende Bedeutung gehabt hätte wie anderthalb oder zwei Jahrhunderte später in der tonalen Harmonik. Zwischen der tonalen und der nicht-tonalen Auffassung des b-h-Wechsels besteht nicht nur ein Gradunterschied, sondern ein prinzipieller Gegensatz, der sich deutlich zeigt, wenn man der tonalen Quintschrittsequenz, der „Sechterschen Kadenz" I-IV-VII-III-VI-II-V-I, eine Sequenz aus einer Motette von Josquin gegenüberstellt.

In der Quintschrittsequenz hängt von der Position des Tritonus in der Basse fondamentale, von der Differenz zwischen C-F-h-e und C-F-B-e, der tonale Sinn der Akkordfolge ab.

C-F-h-e erscheint unwillkürlich und beinahe zwangshaft als C-Dur: I-IV-VII-III; als Fortsetzung antizipiert man a-d-G-C = VI-II-V-I. Dagegen wird C-F-B-e als d-moll: VII-III-VI-II gedeutet, ohne daß die Stufen I-IV vorausgegangen zu sein brauchen; die erwartete Ergänzung ist A-d = V-I. Ist demnach in der tonalen Quintschrittsequenz, einem der Harmoniemodelle des frühen 18. Jahrhunderts, der Wechsel zwischen h und b als essentielles Moment aufzufassen, so erscheint er im Kontrapunkt um 1500 als bloß akzidentelles, sekundäres.

Die Sequenz aus Josquins Motette *Ave Maria* (ed. 1922, S. 2) wäre, wenn man sie anachronistisch als Akkordprogression begriffe, die sie nicht ist, als G-C-F-d-G-e-a/ d-G-e-a-F-h (B)/ e-a-F-h(B)-G(g)-C zu chiffrieren. Ob aber in den Takten 48 und 49 b oder h gelesen werden muß, ist ungewiß; und es scheint, als habe Josquin die Alternative offen gelassen, weil sie die Substanz des Tonsatzes, den abstrakten Kontrapunkt, nicht berührt. Man kann den Tritonusgang im Baß (f-g-a-h), der zu den relationes non harmonicae gezählt wurde, nicht vermeiden, ohne ihn — da von der Alteration des h zu b auch der Sopran betroffen ist — auf die Oberstimme zu übertragen (b^1-c^2-d^2-e^2), vertauscht also Gleiches mit Gleichem. Allerdings wird durch die Alteration des Baßtones die verminderte Quinte h-f^1 in Takt 48 zu b-f^1 korrigiert. Doch würde der analoge Eingriff in Takt 49, der Ersatz von h-f^1 durch b-f^1, der die nächstliegende Konsequenz wäre, bedeuten, daß die Intervallprogression $\begin{matrix} d\text{-}c^1 \\ h\text{-}c^1 \end{matrix}$, die den Übergang zu Takt 50 vermittelt, zu $\begin{matrix} d^1\text{-}c^1 \\ b\text{-}c^1 \end{matrix}$, einer Klangfolge ohne Halbtonschritt, abgestumpft würde. Und daß jeder der möglichen Lösungen unter dem einen oder anderen Gesichtspunkt ein Mangel anhaftet, besagt unmißverständlich, daß der Tonsatz abstrakt konzipiert ist und daß sich Josquin über die Unentschiedenheit, wie er zu realisieren sei, hinwegsetzte, da sie ihm gleichgültig war. Gerade die Irre-

levanz des Unterschieds zwischen b und h aber hebt den abstrakten Kontrapunkt drastisch vom harmonisch-tonalen ab, in dem es undenkbar wäre, daß die Vertauschung der Klangprogression F-h-e-a-F-h-G-C mit F-B-e-a-F-B-g-C ohne Einfluß auf den musikalischen Sinn des Tonsatzes bliebe.

Zu fragen ist auch, was es bedeutet, daß Werke in verschiedenen Fassungen überliefert sind, einer vokalen, in der die Akzidentiensetzung karg und vage, und einer instrumentalen, in der sie großzügig und präzise ist. Läßt sich aus der lückenlosen Aufzeichnung von Alterationen in den Orgeltabulaturen erschließen, wie die fragmentarische Vokalnotation zu ergänzen ist, oder besagt die reichere Akzidentiensetzung in der instrumentalen Überlieferung wenig oder nichts über die vokale Aufführungspraxis? Willi Apel (1936), der dem Problem als erster nachging, urteilte zwiespältig, wie es angesichts des verwickelten Sachverhalts nicht anders zu erwarten war. Einerseits erkannte er, *„daß es sich bei den Accidentien der Tabulaturen vorwiegend um Eigenarten des Tastenstils handelt, die unabhängig vom Zusammenhang mit der Vokalmusik sind"* (S. 61), daß es also verfehlt wäre, in der instrumentalen Version ein einfaches und genaues Abbild der intendierten vokalen zu sehen und sich blind zu machen für stilistische Divergenzen, die den Rückschluß von der einen Praxis auf die andere fragwürdig erscheinen lassen. Andererseits ist Apel jedoch überzeugt, daß in manchen Fällen *„die Fassung der Intabulatur durchaus als maßgebend für etwaige Zusatzaccidentien des Vokalsatzes"* anzusehen sei (S. 65), und zwar ist die Relevanz, die er den Tabulaturen zuschreibt, primär eine negative: Was in der instrumentalen Version nicht notiert ist, soll auch aus der vokalen ausgeschlossen bleiben, während umgekehrt manche Akzidentien, die in den Tabulaturen stehen, als idiomatisch bedingte Abweichungen erklärt werden, die für die vokale Aufführungspraxis ohne Bedeutung seien. Apels Argumentation ist also, in eine Formel zusammengezogen, ein Plädoyer für eine zurückhaltende Akzidentiensetzung, für den Purismus, der in den letzten Jahrzehnten, im Gegenzug zu Riemanns großzügiger Rücksichtslosigkeit gegenüber den überlieferten Notentexten, immer mehr zur Norm der Editionstechnik geworden ist.

Apels Mißtrauen gegen die Tabulaturen erscheint als begründeter Zweifel, wenn man sich der heftigen Polemik Adams von Fulda gegen Instrumentalisten erinnert, die sich anmaßen, zu komponieren oder Kompositionen, die sie „absetzen", zu verändern: „*... a praeceptoribus quaedam compositionis regulae adinventae sunt, ne quilibet suo duceretur arbitrio. De quibus aliquas hic inserere placuit, quia heu corruptam a componentibus musicam undique cernimus: quod ideo fit, quia pessimus inolevit usus instrumentistarum, qui cum vix duas intelligunt regulas, proh dolor! componere carmina volunt, et utinam solum carmina, sed etiam quaeque grandia usu praesumunt. Caeterum aliqui vix notarum figuras intelligentes, modicumve quid artis adepti, omnem cantum corrigunt, lacerant, corrumpunt, et recte compositum falsificant*" (GerbertS III, 352 a). Mag der Ausfall übertrieben und zum Teil vom Hochmut des Gelehrten gegenüber dem bloßen Handwerker, des Humanisten gegenüber dem Banausen diktiert sein — daß die instrumentale Praxis unbekümmerter war als die vokale und daß die von Apel in manchen Tabulaturen entdeckten grellen Querstände und chromatischen Zusammenklänge zu den Korruptionen gehören, die Adam von Fulda den Instrumentalisten vorwarf, ist kaum zweifelhaft.

Andererseits wäre es verfehlt, die Abweichungen der instrumentalen Fassungen von den vokalen als bloße Verfälschungen anzusehen. Sie waren vielmehr „Arrangements". Konnte im 19. Jahrhundert — in einem Klavierauszug — die Besetzung eines Werkes geändert werden, ohne daß man den Wechsel der Klangfarbe als Eingriff in die Substanz der Komposition empfand, so war es um 1500 möglich, f mit fis oder b mit h zu vertauschen und dennoch zu behaupten, daß der Tonsatz „derselbe" sei; von der Modifikation sei nur die „Außenseite" betroffen.

Die Meinung, daß auch im 15. Jahrhundert, nicht anders als im 18. oder 19., der Unterschied zwischen b und h oder f und fis zu wesentlich gewesen sei, als daß er Sache des bloßen „Arrangements" hätte sein können, wäre ein irriges Vorurteil. Charakteristisch für die Akzidentiensetzung war gerade, wie gezeigt wurde, deren Variabilität. Und die Indifferenz, die in einem harmonisch-tonal fundierten Tonsatz undenkbar und widersinnig wäre, war möglich, weil die Substanz eines Werkes ein partiell abstrakter Kontrapunkt bildete, der ein größeres oder geringeres Maß an Akzidentien zuließ, ohne daß eine der Realisierungen als entstellende Bearbeitung im Gegensatz und Widerspruch zum authentischen Text empfunden worden wäre. Die Differenz zwischen f und fis war weniger eine Sache der Komposition als der Interpretation, für die es mehrere gleichberechtigte Möglichkeiten gab.

ZUSAMMENFASSUNG

Manche Probleme der musica ficta um 1500 sind nicht nur unlösbar, sondern es bleibt unbegreiflich, wie sie überhaupt entstehen konnten, solange man anachronistisch voraussetzt, daß chromatische Varianten im modalen Kontrapunkt um 1500 ebenso substantiell waren wie in der tonalen Harmonik um 1800. Die Akzidentien müssen vielmehr als akzidentell im Wortsinn, als gleichsam periphere Schicht des Werkes aufgefaßt werden. Die Komposition ging um 1500 von einem abstrakten, um den Unterschied zwischen Quarte und Tritonus wenig bekümmerten Kontrapunkt aus, der erst sekundär, in der Aufführungspraxis, als harmonischer Kontrapunkt mit bestimmten Intervallgrößen realisiert wurde.

LITERATUR

Adam von Fulda: De musica, Teil 2.
In: GerbertS III, 341 b—358.

Anonymus XI: Tractatus de musica plana et mensurabili.
In: CoussS III, 416—475.

Apel, Willi: Accidentien und Tonalität in den Musikdenkmälern des 15. und 16. Jahrhunderts.
1936 Phil. Diss. Berlin.

Beldemandis, Prosdocimus de: Tractatus de contrapuncto.
In: CoussS III, 193—199.

Gombert, Nicolas: Opera omnia, Bd. II, ed. J. Schmidt-Görg.
ed. 1954 In: Corpus mensurabilis musicae 6, 30. Rom.

Josquin des Prez: Werken van Josquin des Prez, Motetten, Bd. I, ed. Albert Smijers. Amsterdam.
ed. 1922

Lowinsky, Edward E.: Secret Chromatic Art in the Netherlands Motet. New York.
1946

Tinctoris, Johannes: Liber de arte contrapuncti, Liber secundus.
In: CoussS IV, 119 b—147 a.

UNBEKANNTE AUFFÜHRUNGSBERICHTE ZU GLUCKS OPERN DER JAHRE 1748 BIS 1765

Klaus Hortschansky

Ausführliche Berichte und ästhetisch-kritische Urteile zu Glucks Opern der frühen und mittleren Schaffenszeit vor *Orfeo ed Euridice* (1762) und *Alceste* (1767) sind selten. Erst die Reformopern fanden in der zeitgenössischen Gelehrten- und Fachpresse sowie in manchen Briefwechseln ein spürbares und zum Teil lebhaftes Echo. Die späten, an der Pariser Académie Royale aufgeführten Werke der siebziger Jahre gar wurden auf der Straße diskutiert und in den Tageszeitungen und Journalen in einer Breite und Ausführlichkeit behandelt, die die Wirkung der Musik Glucks ohne Mühe ablesen lassen.

Im folgenden sollen einige bisher unbekannte Berichte veröffentlicht werden, die Briefwechseln und Journalen entnommen sind. Sie haben zum Gegenstand: die Opere serie *La Semiramide riconosciuta* (1748), *L'Innocenza giustificata* (1755) und *Il Rè Pastore* (1756); die französischsprachigen Opern der Jahre 1758 und 1759; sowie schließlich die drei Werke, die anläßlich der Hochzeit Josephs II. mit der bayerischen Prinzessin Maria Josepha im Januar 1765 in Wien aufgeführt wurden, und zwar die Serenata *Il Parnaso confuso*, die der Reform nahestehende Opera seria *Telemacco* und die Ballettpantomime *Semiramis*. Die Berichte spiegeln die Wirkung der Gluckschen Musik wider und demonstrieren zugleich die geistig-ästhetische Einstellung wie auch kritische Haltung der Berichterstatter. Sie liefern damit einen Beitrag zum Thema „Der Künstler und sein Publikum". Darüber hinaus konnte an Hand der Rezensionen ein Uraufführungsdatum genau bestimmt und damit die Chronologie der Werke Glucks in einem Punkt richtiggestellt werden.

I. LA SEMIRAMIDE RICONOSCIUTA (1748)

Nach einem längeren Aufenthalt in Italien (ca. 1736—1745) und ausgedehnten Reisen quer durch Europa, die ihn auch nach London und Dresden führten, erhielt Gluck (vermutlich) im Frühjahr 1748 den Auftrag, die Festoper zum Geburtstag der Kaiserin Maria Theresia (13. Mai) für das Wiener Burgtheater zu schreiben. Als Libretto wurde Metastasios nun schon beinahe zwanzig Jahre alte *Semiramide* (1729) gewählt, die mit zahlreichen Änderungen unter dem Titel *La Semiramide riconosciuta* am 14. Mai 1748, einen Tag nach dem allerhöchsten Geburtstag, zum erstenmal aufgeführt wurde. Vorerst gibt es keine Anhaltspunkte dafür, daß die Änderungen im Libretto von dem Hofpoeten selbst stammen[1]. Das Werk erlebte in den Monaten Mai, Juni und Juli insgesamt 27 Aufführungen; am 11. Juli 1748 öffnete sich der Vorhang für das Werk Glucks zum letztenmal (KUNZ 1953/54, S. 79 f.). Keine der übrigen in dieser Saison aufgeführten Opere serie konnte solch einen Erfolg verbuchen, weder *Alessandro nell'Indie* (17. 7. 1748) von Georg Christoph WAGENSEIL mit 21 Aufführungen noch Johann Adolf HASSES *Leucippo* (5. 9. 1748) mit 18 Aufführungen noch Baldassare GALUPPIS *Demetrio* (16. 10. 1748) mit 19 Aufführungen[2].

Verschiedene Umstände deuten darauf hin, daß Gluck mit seiner *Semiramide riconosciuta* im Rahmen des Metastasianischen Musiktheaters sein Bestes als Musikdramatiker zu geben gewillt war. Nach seinem langen Aufenthalt in Italien und der dreijährigen Wanderzeit mag er an die Aufführung in Wien die bestimmte Hoffnung geknüpft haben, in der Kaiserstadt seßhaft und auf Dauer tätig werden zu können, eine Hoffnung, die sich dann jedoch erst vier Jahre später, Ende 1752, erfüllen sollte. Das Musikleben in Wien war anziehend und reich genug, um ihn an ungeahnte Entfaltungsmöglichkeiten denken zu lassen. Auch die musikalische Faktur der *Semiramide riconosciuta* selbst zeigt den Willen ihres Schöpfers, in der Gestaltung der dramatischen Wahrhaftigkeit neue und kühnere Wege als bisher zu gehen. Dabei wird weniger die vom Libretto vorgeschriebene Form des Ganzen und seiner Teile angetastet — hier walten die alten wohlvertrauten Schemata —, vielmehr erreicht die musikalische Sprache in ihren einzelnen Details eine bisher nur selten gehörte Intensität. Eine eingehende stilistische Untersuchung gerade dieser Oper, die hier zu weit führen würde, müßte diese Auffassung noch untermauern. Nicht unwesentlich erscheint in diesem Zusammenhang auch die Tatsache, daß die *Semiramide riconosciuta* völlig ohne Übernahme ganzer Sätze aus älteren Opern auskommt, da doch Gluck die Entlehnungspraxis gerade in den unmittelbar zuvor komponierten Werken *La Caduta de' Giganti* (London 1746), *Artamene* (London 1746) und *Le Nozze d'Ercole e d'Ebe* (Dresden 1747) in so reichlichem Maße geübt hatte[3]. Wollte er in London seine besten Melodien zu zwei ad hoc verfaßten Textbüchern erneut zu Gehör bringen, so war ihm hier in Wien daran gelegen, sein Können und seine Darstellungskraft dramatisch-musikalischer Leidenschaften gerade dadurch unter Beweis zu stellen, daß er auf das Parodieren gänzlich verzichtete und jede Note eigens für den ausgewählten Text komponierte.

Und diese Musik, die unverhüllt Glucks Begabung und seine Stilart zeigte, nannte Metastasio *„vandalisch"*, ja sogar *„unerträglich erzvandalisch"*. Die Bemerkung findet sich

[1] Metastasio arbeitete 1752 seine *Semiramide* für das Theater in Madrid um, vgl. P. METASTASIO (1951—1954), Bd. 3, Lettere, Nr. 600, 603, 627, 630. Keine einzige in der Gluckschen Bearbeitung gegenüber der Originalfassung geänderte Textzeile findet sich in Metastasios Umarbeitung wieder. Dies könnte gegen dessen Mitarbeit an dem Libretto von 1748 sprechen.

[2] H. KUNZ (1953/1954), S. 80—82. Galuppis *Demetrio* könnte über die genannten 19 Aufführungen hinaus noch zwei weitere erlebt haben; denn vor der nächsten Neueinstudierung der Saison wurden noch zweimal italienische Opern gegeben, deren Titel Kunz nicht hat ermitteln können. Für die beiden letzten Werke der Spielzeit *Il Siroe* von Wagenseil (8. 12. 1748) und *Artaserse* von Galuppi (27. 1. 1749) liegen keine genauen Aufführungszahlen mehr vor, doch können bei durchschnittlich drei Opern in der Woche kaum mehr als 20 (*Siroe*) bzw. 10 (*Artaserse*) Aufführungen stattgefunden haben.

[3] Vgl. dazu K. HORTSCHANSKY (1966), S. 77—82.

in einem Brief des kaiserlichen Hofpoeten vom 29. Juni 1748 an den Librettisten Giovanni Claudio Pasquini in Dresden; METASTASIO (1951—1954, Bd. 3, S. 353 f.) gibt darin seine Eindrücke von der Aufführung der *Semiramide riconosciuta* wie folgt wieder:

> „Sappiate che la *Semiramide* va alle stelle, mercé l'eccellenza della compagnia e la magnificenza delle decorazioni, a dispetto d'una musica arcivandalica insopportabile. La Tesi recita in modo che ha sorpreso me, non che tutta l'umanità di Vienna dell'uno e dell'altro sesso. Venturino ed Amorevoli rapiscono. Monticelli si fa ammirare. Lenzi e la Travaglini fanno cose impossibili. In somma è uno de' più magnifici spettacoli che possan presentarsi ad un sovrano. Le matrone le più rigide, i ministri, i prelati più carichi d'anni e di merito sono gli spettatori più frequenti e più parziali."

Der Name Glucks wird von Metastasio selbst nicht erwähnt, doch steht außer Zweifel, daß es sich um sein Werk handelt, das ja auch den ganzen Juni hindurch immer wieder gegeben wurde (s. o.). Die Künstler, deren Leistungen Metastasio in den Himmel hebt, sind die vier Hauptdarsteller der Oper: Vittoria Tesi-Tramontini (1700—1775) in der Titelrolle, Ventura Rocchetti als Ircano[4], Angelo Amorevoli (1716—1798) als Mirteo und Angelo-Maria Monticelli (1715—1764) als Scitalce. Danach werden noch der Tänzer Dominique Lenzi (FÜRSTENAU 1862, S. 259) und die Tänzerin Travaglini genannt, die in den nach Aussage des Textbuches (Bl. 6 v) vom kaiserlichen Ballettmeister Franz Hilverding erfundenen und einstudierten *„Balli ... di Nobili Giardinieri, e Giardiniere"* sowie *„Balli ... di Trafficanti, venuti con navi mercantili a Babilonia"* *„unmögliche Dinge vollbringen"*. Interessant ist schließlich der Hinweis auf das Publikum der Repertoire-Aufführungen: gesetzte Damen mit ihren Dienern sowie betagte und verdiente Kleriker füllen das Parkett.

Die Bemerkungen Metastasios zur Aufführung der *Semiramide riconosciuta* machen deutlich, daß eine Oper in ihrer Zeit vor allem als Austattungsstück und Schauplatz virtuoser gesanglicher Leistungen angesehen wurde, denn es sind ja ganz offenbar die Dekorationen von Antonio d'Agostini und die Qualität der Gesangstruppe, die zum Erfolg führten. Die Musik erscheint nur als eine Zutat neben vielen, die die Wirkung des Werkes beim Publikum nur geringfügig beeinträchtigen kann. Um so wichtiger ist die Tatsache,

[4] Der Hrsg. der Metastasio-Gesamtausgabe nennt als Sänger des Ircano Casimiro Venturino, s. P. METASTASIO (1951—1954), Bd. 3, Lettere, Nr. 284, Anm. 2. Danach hätte Metastasio nicht die erste, sondern eine spätere Aufführung (oder auch mehrere) miterlebt, in der die Rolle des Ircano umbesetzt war. Denn das gedruckte Textbuch gibt als Darsteller des Ircano *„Il Sig.re Ventura Rocchetti, Virtuoso in attual Servizio di S. M. il Re di Polonia"* an (Exemplar in der Österr. Nationalbibl. Wien, Sign. 641—432 — A. M. XXIV/8; Nachweis von R. HAAS 1925, S. 180). Wenn Metastasio in seinem Brief von *„Venturino"* spricht, meint er jedoch mit ziemlicher Sicherheit nicht den nahezu unbekannten Casimiro Venturino, sondern den aus Dresden engagierten und dem Adressaten bekannten Ventura Rocchetti, der an der Elbe über zwanzig Jahre gewirkt hat, vgl. M. FÜRSTENAU (1862), S. 166, 229, 235, 268. Die Bibliothek in Wolfenbüttel bewahrt eine Abschrift von Hasses *Semiramide* aus der Mitte des 18. Jahrhunderts (Ouvertüre und 25 Solonummern) auf, die auch die Namen der Darsteller nennt, und zwar offensichtlich die der Dresdner Aufführung von 1747, vgl. M. FÜRSTENAU (1862), S. 245 f. Einer wird mit *„Sig.r Ventorini"* angegeben; da im übrigen die Besetzungsliste vollständig mit der bei Fürstenau mitgeteilten übereinstimmt, dürfte mit *„Sig.r Ventorini"* zweifellos Ventura Rocchetti gemeint sein. Genau der gleiche Sachverhalt begegnet auch bei der Wolfenbütteler Partitur zu Hasses *Attilio Regolo*, vgl. E. VOGEL (1890), S. 22 f.

daß Metastasio auch über sie ein Urteil abgibt, zeigt es doch, daß Berichte über große Erfolge einer Oper nur dann auch auf die musikalische Komposition derselben bezogen werden dürfen, wenn diese ausdrücklich genannt ist. Die Eintragungen des kaiserlichen Obersthofmeisters Johann Josef Fürst Khevenhüller-Metsch in sein Tagebuch (s. u.) etwa sprechen wohl von dem *„ungemeinen Beifall"*, den die Oper bei ihrer ersten Aufführung gefunden hatte, erwähnen jedoch weder den Komponisten noch seine Musik mit einem einzigen Wort. Und doch kann man seit der Veröffentlichung dieses Tagebuches im Jahre 1908 immer wieder unter Berufung auf gerade diese Quelle von Glucks *„erstem Triumph in der Kaiserstadt"* (Gerber 1950, S. 40) lesen. Die Aussage Metastasios, die Musik Glucks sei *„unerträglich erzvandalisch"*, ist in dieser scharfen Form sicher von persönlichen emotionalen Regungen nicht frei, andererseits wird daraus schon jetzt die ungestüme Kraft kenntlich, die von der Musik des Reformators ausging und die die weitere Entwicklung der Operngeschichte entscheidend bestimmen sollte. In der Beurteilung dieses Phänomens sind sich alle Biographen Glucks weitgehend einig, doch nur Alfred Einstein (o. J.) geht so weit, von einer Schockwirkung der *Semiramide riconosciuta* zu sprechen, die ihre von ihm allerdings als teilweise leer, ungelenk, unbekümmert, konventionell, kritiklos, irregulär, barock, rauh bezeichnete Musik (um seine Worte zu benutzen) ausgelöst haben muß. Schließlich äußert er noch den, nun durch die Briefstelle Metastasios bestätigten Verdacht, *„daß es kein Triumph war"* (S. 54 f.), den Gluck in Wien mit seiner *Semiramide riconosciuta* erlebt hat.

Zum Vergleich und zur Vervollständigung sei hier der bereits bekannte Bericht von Khevenhüller (Aus der Zeit Maria Theresias 1908) eingeschoben; der vollständige Text lautet (S. 224):

> „Den 14. kammen die Herrschafften herein in die Statt und verfügten sich in das von der neuen Impresa sehr prächtig erweitert und zugerichtete, vorhero gewestes Bal- und dermahliges Opera Haus, welches den gestrigen hohen Geburts Tag zu Ehren anheut mit Vorstellung einer Pièce aus des Abbate Metastasio Wercken, la Semiramide riconosciuta genannt, eröffnet wurde; und hatte mann dise Opera beflissentlich hervorgesucht, weillen in selber das Spectacle und die Decorationen besonders magnifique ausfallen und die Impresa sich sogleich in Anfang distinguiren wollen, weßwegen auch die beste Stimmen, so mann finden können, zusammen gesucht und nebst dem berühmten Tenoristen Amorevole und den Venturini, Sopranisten, auch ein Danzer und Danzerin, nahmens Sig^{r} Lenzi und Mademoiselle Tagliavini, welche beide sehr gutt seind (absonderlich er ungemain leicht und hoch cabrioliret), von dem Dresdener Hoff, und die ihrer Action halber sehr renomirte Tesi, eine Florentinerin, mit noch einigen anderen Virtuosen zu der Orchestre aus Italien anhero beschriben worden; wie dann sothane neue und erste Opera ungemainen Beifall gefunden und ungehindert der für die Spectacles weniger tauglichen dermahligen Saison, dennoch durch zwei Monath hindurch meistentheils ville Zuseher gehabt hat."

Mit der neuen Impresa ist die Theaterleitung unter dem Baron Rocco Lopresti gemeint, der das Theater in einer Kavalierssozietät leitete (Haas 1925, S. 23). Im übrigen stimmt auch Khevenhüller in das uneingeschränkte Lob Metastasios für die Gesangs- und Tanzsolisten ein, die zum Teil vom sächsischen Hoftheater in Dresden als Gäste gewonnen worden waren.

***

Metastasio und Gluck arbeiteten in Wien noch lange nebeneinander; der beinahe zwanzig Jahre ältere Hofpoet (* 1698) starb erst 1782, Gluck (* 1714) überlebte ihn nur um fünf Jahre († 1787). Die Einstudierung der beiden Serenaten *Il Parnaso confuso* und *La Corona* im Jahr 1765 führte beide unmittelbar zusammen, denn Metastasio hatte nicht nur die Textbücher zu schreiben, sondern auch die Leitung der Einstudierung zu übernehmen (HORTSCHANSKY 1968). Bereits 1751 äußerte sich Metastasio erneut über Gluck; das Urteil ist dieses Mal nicht mehr so ablehnend und entrüstet wie drei Jahre zuvor. In einer Aufzählung deutscher Komponisten erwähnt er in einem Brief an Carlo Broschi vom 6. November 1751 neben Giuseppe Bonno und Georg Christoph Wagenseil auch Gluck und spricht von ihm die berühmten Worte *„ha un fuoco maraviglioso, ma pazzo"*[5]. Als Gluck um die Jahreswende 1755/56 von Wien nach Rom aufbrach, um dort seinen *Antigono* einzustudieren, begleitete ihn Metastasios lebhaftes, wenn auch skeptisch-distanziertes Interesse, wie denn das Werk wohl aufgenommen werden würde. An Francesco d'Argenvillières in Rom schreibt er am 19. Februar 1756 (METASTASIO 1951—1954, Bd. 3, S. 1099):

> „Sono curiosissimo dell'esito che avrà in Roma la musica del nostro Gluck. Egli ha una vivacità particolare nello scrivere: e secondo il presente gusto, che mi dicono regnare in Roma, io non dispero che possa contentar cotesto pubblico."

Die jetzt gebrauchte Vokabel *„vivacità"* läßt eine erneute Differenzierung und Abschwächung im Urteil Metastasios erkennen, wenn auch mit ihr immer nur ein und derselbe Teilaspekt der Musiksprache Glucks neu beleuchtet wird. Anläßlich der Aufführung von Glucks *Il Rè Pastore* im Jahr 1756 äußert sich Metastasio noch einmal über die musikalische Begabung des nunmehrigen Kapellmeisters in kaiserlichen Diensten[6] und findet über die *„vivacità"* hinaus zwei Ausdrücke, mit denen er das Phänomen bzw. die von ihm vordergründig betrachtete Seite umschreiben will. An Carlo Broschi heißt es am 8. Dezember 1756 u. a.[7]: *„... la musica è del Gluck ..., a cui la vivacità, lo strepito e la stravaganza ha servito di merito ..."*. In einem Zeitraum von acht Jahren hat sich Metastasio zu einer Haltung durchgerungen, die wohl noch die innere Ablehnung spüren läßt, die aber dennoch dem von Gluck vor der Reform geübten Musikstil gerecht zu werden sucht. Die Musik, die ihm im Jahr 1748 unheimlich wild erschienen war und von der er sich förmlich abgestoßen fühlte, charakterisiert er 1751 und (zweimal) 1756 mit Begriffen, die durchaus zutreffen: *„fuoco maraviglioso, ma pazzo"*, *„vivacità"*, *„strepito"* und *„stravaganza"*. Die verinnerlichte, von einem weiten Schwung getragene Melodik der langsamen Arien, die durch Händels Musik in London 1746 starke Nahrung erhielt (HORTSCHANSKY 1967, S. 141 f.) und

[5] P. METASTASIO (1951—1954), Bd. 3, S. 682. Die Tatsache, daß Gluck neben den beiden Wiener Meistern — Bonno war in Wien als Sohn eines Italieners geboren — genannt wird, läßt darauf schließen, daß Gluck um 1751 hier schon zeitweise einen festen Wohnsitz hatte und nur hin und wieder zur Erfüllung von Scritture nach Prag (1750, 1751) und Neapel (1752) reiste. Allein in Erinnerung an die Aufführung der *Semiramide riconosciuta* vom Jahr 1748 dürfte Metastasio Gluck gegenüber Broschi drei Jahre später kaum noch erwähnt haben.

[6] Zur Anstellung Glucks s. R. HAAS (1925), S. 23, 41 ff.

[7] P. METASTASIO (1951—1954), Bd. 3, S. 1152 f. Vgl. auch Abschnitt III.

in dem „*Che farò senza Euridice*" ihren gültigsten Ausdruck fand, ist von Metastasio kaum gesehen oder nicht kritisch festgestellt worden.

Die in drei Bänden der *Tutte le opere* vorgelegte Korrespondenz Metastasios enthält keine weiteren Äußerungen, die Gluck als Musiker, den Stil seiner Werke oder seine Reformierung des Dramas berühren. Lediglich kleinere biographische Notizen sind ihr noch zu entnehmen. Neues Material zur Auseinandersetzung des Dichters mit dem Musiker dagegen liefert ein dem Herausgeber der genannten Ausgabe, Bruno Brunelli, unbekannt gebliebener Brief, den Joseph G. Fucilla neben anderen in seinem Aufsatz *Nuove lettere inedite del Metastasio* im Convivium 26, N. S., 1958, S. 588, abgedruckt hat. Er ist an den Oberst Graf Bolognini in Neapel gerichtet und vom 7. Februar 1776 datiert. Hier findet Metastasios Einschätzung der Gluckschen Reformwerke ihren Niederschlag. Zugleich kommt darin eine faire und ehrenhafte Gesinnung zum Ausdruck, die man dem Hofpoeten kaum zugetraut haben dürfte. Er sendet dem Oberst das Original einer Ode zurück, dessen Autor „*Alviro*" genannt wird. Hinter diesem Pseudonym versteckt sich nach Ansicht von Fucilla (1956, S. 51 f.) der italienische Dichter Aurelio Bertola de' Giorgi. Die Ode, die zum Lobe Metastasios gedichtet ist und später auch anonym im *Giornale letterario di Siena* von 1776 veröffentlicht wurde, enthielt im Original offensichtlich zwei Strophen, in denen Gluck und Metastasio in ihrem Wollen und Wirken gegenübergestellt wurden, wobei Gluck in einem wenig günstigen Licht dastand; ja sogar von einem literarischen Sieg Metastasios über die Reformbestrebungen Glucks scheint die Rede gewesen zu sein. Der kaiserliche Dichter jedenfalls bat den Oberst, doch darauf hinzuwirken, daß die beiden Gluck betreffenden Strophen bei einer etwaigen Veröffentlichung gestrichen werden mögen. Der letzte Abschnitt des Briefes lautet:

> „... se mai Egli volesse dare alla stampa (come essa ben lo merita) questa bellissima ode in qualche nuova raccolta de' suoi componimenti poetici vi supplico d'indurlo a toglierne due strofe e sagrificarle ai miei giusti riguardi, benché in se stesse eccellenti. Le strofe sono quella che incomincia *Gluk della Senna al margine* e l'altra *I dolci interni fremiti* ecc. L'Autor dell'*Alceste* potrebbe creder miei i pareri poco favorevoli intorno al suo dramma, e dolersene: il che sommamente mi rincrescerebbe; tanto più ch'io non credo che mi convenga quella vittoria che mi si attribuisce nella supposta emulazione: poiché l'Autore l'à visibilmente evitata adottando a bello studio nella sua *Alceste* il genio tragico piú funesto: carriera diametralmente opposta alla mia, e che esclude ogni comparazione. Il resto a bocca."

In der Veröffentlichung der *Ode al Sig. Abate Metastasio* im *Giornale letterario di Siena* (I, 1776, S. CXXV f.)[8] fehlen die beiden von Metastasio beanstandeten Strophen auch wirklich; nur noch die Namen Jean-Philippe Rameaus und Giovanni Battista Pergolesis zieren das Gedicht. Metastasio selbst zieht in seinem Brief einen klaren Trennungsstrich zwischen seinen und Glucks Bemühungen um das Musiktheater, Bemühungen, die sich „*diametral*" gegenüberstünden und die jeden Vergleich ausschlössen. Unrecht hatte er damit nicht.

[8] Für die Beschaffung eines Mikrofilmes der Ode bin ich Herrn Dr. Friedrich Lippmann, Rom, zu Dank verpflichtet.

II. L'INNOCENZA GIUSTIFICATA (1755)

Sieben Jahre vergingen, ehe Gluck nach der *Semiramide riconosciuta* von 1748 wieder mit einer großen italienischen Oper, nämlich *L'Innocenza giustificata,* in das Wiener Burgtheater einzog. Die erste Aufführung fand am 8. Dezember, dem Geburtstag des Kaisers Franz (1708—1765), statt und erfuhr eine ausführliche, fünfseitige Würdigung in dem in Lüttich (Liège) erschienenen *Journal encyclopédique „Pour le 15. Janvier 1756. Tome I. Deuxième Partie"* (S. 64—68). In der folgenden Wiedergabe des Berichtes wird allein die Inhaltsangabe ausgelassen:

> «*L'Innocence reconnue,* Pastorale Italienne en musique en deux Actes, représentée à Vienne au mois de Décembre dernier, le jour de l'Anniversaire de la naissance de l'Empereur.
> Le sujet de cette Pastorale héroïque nous a paru très-interessant...
> Voilà la marche Théatrale de cette Piéce. L'Auteur n'a fait aucune difficulté d'emprunter d'excellentes Arietes de *Methastase,* qui trouvoient naturellement leur place dans son sujet; il en avertit de bonne foi le Public, quoiqu'il n'ait pas voulu se nommer, ce qui est d'autant plus louable & d'autant plus rare, que sa Piéce a eu le plus brillant succès.
> La Musique de ce Poëme est de Mr. *Christophe Gluch,* déjá connu par d'autres Ouvrages de ce genre, qui ont tous fait un honneur infini à cet habile Compositeur. Les deux Actes sont terminés par des ballets les plus brillans, où l'on n'a rien ménagé pour le gout & pour la dépense. Cette Fête d'Anniversaire a été exécutée sous les ordres de Mr. le Comte *Durazzo,* Surintendant des plaisirs de la Cour Impériale.»

Das gedruckte Textbuch bezeichnet die Oper als *„festa teatrale"*, der Bericht des Wiener Korrespondenten als *„Pastorale italienne"* und *„Pastorale héroique"*; beide stimmen darin überein, daß sie nicht den für eine Opera seria im 18. Jahrhundert gebräuchlichen Gattungsbegriff *„dramma per musica"* gewählt und damit die Sonderstellung angedeutet haben, auf die besonders Alfred Einstein (o. J., S. 69 f. und Gluck 1937, S. VI) hingewiesen hat. Die Bemerkung, das Libretto sei *„très-interessant"*, die ausführliche Skizzierung von dessen Inhalt und schließlich das Bedauern darüber, daß der Autor sich nicht habe nennen wollen, wo doch sein Stück auch mit den Entnahmen aus Metastasios Werken den größten Erfolg gehabt habe, lassen darauf schließen, daß alle diese Worte nicht übliche Schönfärberei, sondern tatsächlich Niederschlag des Besonderen sind, das in der *Innocenza* steckt, auch wenn sie damit noch lange nicht zu einem Reformwerk oder zu einem reformverdächtigen Werk gestempelt werden soll. In der Frage, wer denn nun der Autor des Textbuches sei, ob der Graf Durazzo oder nicht, führt der Bericht zu keinem Ergebnis. Der Schlußsatz scheint gegen Durazzo zu sprechen.

Gluck wird als *„déjá connu par d'autres Ouvrages de ce genre"* bezeichnet. Es ist das eine allgemeine Aussage, der vermutlich keine Kenntnis einzelner Opere serie (denn dieses „Genre" ist doch gemeint) seitens des Berichterstatters zugrunde liegt. Die Formulierung *„qui ont tous fait un honneur infini"* erinnert deutlich an jenen oben zitierten Satz von Metastasio: *„la vivacità ... [lui] ha servito di merito."* Dahinter steht das allgemeine Bild, das man um 1755/56 in Wien von Gluck hatte: Seine im Ausland errungenen Erfolge haben ihm viel Ehre eingetragen. Ihren Teil daran hat sicherlich jene zweifelsohne auf Wahrheit beruhende Anekdote, die seit der Aufführung der *Clemenza di Tito* im Jahre 1752 überall in Europa erzählt wurde (GERBER 1950, S. 44):

> Die neapolitanischen Musiker stritten sich heftig über die Berechtigung einer Dissonanz in der Arie *„Se mai senti spirarti"*; Francesco Durante, nach seinem Urteil dazu befragt, antwortete: *„Ob das nach den Regeln ist, will ich nicht entscheiden; wir alle würden uns aber glücklich schätzen, diese Eingebung gehabt zu haben."*

Wenn Gluck bis zu diesem Zeitpunkt noch nicht berühmt gewesen war, so ist er es damit geworden. In Wien war die Anekdote, wenn man Karl Ditters von DITTERSDORFS (1940, S. 61 f.) Angaben Glauben schenken kann, vor dem Eintreffen des Meisters selbst bekannt geworden, worauf sich der Prinz von Hildburghausen die Arie sofort von Therese Heinisch vorführen ließ. Noch um 1774 zählte Saverio MATTEI in seiner Dissertation *La Filosofia della musica* (1781, S. XXVI) diese Arie Glucks aus *La Clemenza di Tito* zu den besten und berühmtesten Arien der Zeit neben Johann Adolf Hasses *„Se tutti i mali miei"* aus *Demofoonte* und Leonardo Vincis *„Vo solcando un mar crudele"* aus *Artaserse*, bei deren nochmaliger Vertonung alle Kapellmeister in der bedauernswerten Lage seien, nicht erreichbare Vorbilder übertrumpfen zu müssen.

III. IL RÈ PASTORE (1756)

Nach *L'Innocenza giustificata* wird auch die nächste Oper Glucks, *Il Rè Pastore*, im *Journal encyclopédique*, Liège 1757 (Tome VI. Troisième Partie. S. 127–128) besprochen, wenn auch dieses Mal wesentlich kürzer, denn über das allenthalben bekannte Textbuch Metastasios brauchte man nicht viele Worte zu machen. Ebenso wird Gluck als eine feste Größe betrachtet, deren Name allein schon für die Qualität und den Erfolg des zu betrachtenden Werkes spricht. Hier der volle Wortlaut:

> «Nous avons pourtant été avertis en son tems de la réussite de l'Opera *Il Re Pastore*, (le Roi pasteur) qu'on y representa l'année derniere le 4me. Octobre, jour de St. François, dont S. M. l'Empereur porte le nom. Pour en faire l'éloge en peu de mots, il suffit de dire que les paroles sont de Mr. l'Abbé Métastasio, la Musique de Mr. le Chevalier Pluch [sic], & les Danses de Mr. Hilverding; que le Sieur Mazzanti, fameux chanteur, remplissoit le premier rôle d'homme & Mademoiselle Gabrielli celui d'*Elise*. Cette excellente cantatrice s'est surpassée dans cette piéce, & sur tout dans l'Ariette du 3me. Acte, beau moment où le Public en admiration doutoit si elle meritoit plus d'applaudissemens par la beauté de sa voix, ou par l'art, & la varieté de son chant.»

Bei der Datierung der ersten Aufführung unterlief dem Berichterstatter, der diese Zeilen offenbar erst lange nach der Aufführung schrieb und in dem *„Pour le 15. Septembre 1757"* vorgesehenen Teil des Journals erscheinen ließ, der gleiche Fehler, dem auch der verdienstvolle Bibliothekar und Gluckforscher Alfred Wotquenne im Gluck-Werkverzeichnis zum Opfer fiel: Beide konnten nämlich den Tag des hl. Franziskus von Assisi und damit Namenstag des Kaisers Franz am 4. Oktober und den Geburtstag desselben am 8. Dezember nicht recht auseinanderhalten. Während *Il Rè Pastore* entgegen dem Berichterstatter im *Journal encyclopédique* zweifelsfrei am 8. Dezember 1756, am Geburtstag des

Kaisers, aufgeführt wurde, sollte *La Corona* entgegen A. Wotquenne (und der gesamten Gluckforschung) ebenso zweifelsfrei am 4. Oktober 1765, dem Namenstag des Kaisers, vorgestellt werden (Hortschansky 1968, S. 272). Als besonderer Höhepunkt der Oper *Il Rè Pastore* wird – dank der Ausführung durch Catterina Gabrielli – die Arie „*Io rimaner divisa*" im 3. Akt erwähnt.

Zu Glucks Oper *Il Rè Pastore* liegen noch zwei weitere Berichte vor, die in dem betreffenden Bande der Gluck-Gesamtausgabe (1968, S. VII) jüngst veröffentlicht wurden. Der eine stammt von Khevenhüller-Metsch, der andere von Metastasio. Dieser schreibt unmittelbar vor der Aufführung unter dem 8. Dezember 1756 an Carlo Broschi u. a.:

> „Il libro è il mio *Re pastore,* la musica è del Gluck maestro di cappella boemo, a cui la vivacità, lo strepito e la stravaganza ha servito di merito in più d'un teatro d'Europa appresso quelli ch'io compatisco, e che non fanno il minor numero de' viventi; e lode al Cielo qui non ne abbiamo penuria. La prima donna è la signora Caterina Gabrielli romana: giovane che non ha certamente l'eguale per l'eccellenza della voce, del gusto e dell'azione. (Avvertite per parentesi ch'io non ne son punto invaghito.) Il nostro monsieur Laugier, quando la prima volta l'intese, proruppe in espressioni inudite di compiacenza e di meraviglia, e non le fece grazia, ma pura giustizia. Il primo soprano è il signor Mazzanti, gran suonatore di violino in falsetto; non mancherà d'ammiratori, perché abbiamo palati per tutte le scalse. Io quando sento cantare non son contento di stupir solamente, ma voglio che il cuore entri a parte de' profitti dell'orecchie. Ma questa è una scienza conceduta a pochi: e la natura non fa frequentemente lo sforzo di produr Farinelli. Gli altri cantanti della nostra opera figurateveli come vi piace per abbreviar la relazione."

Die berühmte Catterina Gabrielli, die alle Herzen im Sturm eroberte, war im Alter von 25 Jahren 1754/55 nach Wien gekommen, sang zuerst beim Prinzen von Hildburghausen auf Schloßhof in Glucks *Le Cinesi* und dann in kaiserlichen Diensten noch einige weitere Gluck-Partien, und zwar in *La Danza* (1755), *L'Innocenza giustificata* (1755) und *Tetide* (1760). Vor allem der Hausarzt des Hofes, Alexander Ludwig Laugier, scheint, der spöttischen Darstellung Metastasios zufolge, den Liebreizen dieser Sängerin zum Opfer gefallen zu sein (Kühner 1955, Sp. 1209–1211). Der Darsteller des Aminta, Ferdinando Mazzanti, besaß offenbar eine wohltrainierte Höhe im Falsett, der auch Gluck in seiner Partitur Rechnung trug. Metastasio selbst ist eine zu Herzen gehende Vortragsart lieber als diese technischen Kapriolen, und er benutzte die Gelegenheit zu einem kleinen Kompliment an den Adressaten Carlo Broschi, der unter dem Namen Farinello in den zwanziger und dreißiger Jahren des 18. Jahrhunderts der berühmteste Sänger seiner Zeit war.

IV. LA FAUSSE ESCLAVE (1758)

Im April 1758 erschienen in der Musikzeitung *L'Echo* in Lüttich zwei Nummern aus Glucks Oper *La Fausse Esclave.* Wotquenne (1904, S. 200, Anm. 1) vermutete daher ganz zu Recht, daß die Aufführung dann wohl zu Beginn des Jahres 1758 stattgefunden habe. Dieser Meinung schließen sich einige der späteren Gluck-Biographen an (u. a. Einstein o. J., S. 86; Gerber 1950, S. 90). Trotzdem hat Wotquenne die Oper in seinem chronologisch angelegten Verzeichnis nach *L'Ile de Merlin*, aufgeführt erst am 3. Oktober 1758, eingeordnet, ohne dies näher zu begründen. Ihm scheint sich die Gluck-Gesamtausgabe anzuschließen, wenn sie *L'Ile de Merlin* als Band 1 der Serie *Französische komische Opern* herausgibt, obwohl der Herausgeber des betreffenden Bandes, Günter Haußwald, ebenfalls annimmt (GLUCK 1956, S. V), daß *La Fausse Esclave* die erste Opéra comique Glucks ist. Auch Harald KUNZ (1953–1954) kann in seiner schon genannten Arbeit zum Wiener Theaterspielplan die Aufführung nur ungenau an den Anfang der am 27. März beginnenden Spielzeit 1758/59 setzen (S. 99). Doch ist die kleine französische Oper bereits vier Wochen lang am Ende der Spielzeit 1757/58 gegeben worden, wie der Bericht im *Journal encyclopédique* 1758 (Tome II. Deuxième Partie. S. 131 f.) ausdrücklich bemerkt, in dem nun auch das exakte Datum der ersten Aufführung genannt wird: 8. Januar 1758. Der Bericht lautet:

«Le 8 Janvier on donna en presence de Leurs Majestés Imperiales & Roiales *La Fausse Esclave* Opera Comique en un acte.
Comme ordinairement on estropie dans les Opera Comiques modernes les paroles Françoises, pour les accommoder à la musique Italienne que l'on parodie, M. le Chevalier Pluch [sic] connu par ses talens pour la composition de plusieurs grands Opera Italiens qui ont été admirés sur les premiers Théâtres de L'Europe, a fait de même pour les paroles des Ariettes de cet Opera Comique une musique tout nouvelle, qui a été generalement applaudie, & que l'on a toujours entendue avec le même plaisir jusqu'à la cloture du Théâtre François qui s'est faite le Mardi 7me. Fevrier dernier.
Il n'y a nul merite dans les paroles qui ont servi au Musicien; on n'a fait que reduire en un acte *La Fausse Avanturiere* Opera Comique en deux actes, qui avoit dejà été jouée à Paris sur le Théâtre de la Foire. On en a mis la Prose en Vaudevilles pour tenir lieu du chant dans le recitatif.
Après la reussite de cette Piece, il seroit à souhaiter que la musique de cet habile Compositeur fût executée à Paris, pour juger si dans ce premier essai il a sçu conserver aux paroles Françoises toute la verité de l'expression, en leur donnant, comme il a fait, tout le brillant des accompagnemens de la Musique Italienne.»

Genügte schon die genaue Datierung der Aufführung, um *La Fausse Esclave* als erstes Werk Glucks in der Gattung der Opéra comique zu betrachten, so wird diese Tatsache unterstrichen durch einen Hinweis des Berichterstatters, der schon seit mehreren Jahren von Wien aus Rezensionen nach Lüttich gesandt hatte; er spricht ausdrücklich vom *„premier essai"*, von dem er wünscht, daß er auch in Frankreich bekannt und vom französischen Publikum auf seine nationale Echtheit geprüft werden möge. Die Orchesterbehandlung jedenfalls charakterisiert der Rezensent mit *„italienisch"*. Die Textvorlage für die Oper Glucks war *La Fausse aventurière* von Louis Anseaume und Piere Augustin Lefèvre de Marcouville.

Wer der Korrespondent des Journals in Wien war, bedarf noch der Klärung. Theaternachrichten aus Wien einschließlich solcher von Gluck-Aufführungen finden sich im *Journal encyclopédique* vom Erscheinungsjahr 1756 an bis 1759. Es erscheint durchaus möglich, daß zwischen den zahlreichen Besprechungen Gluckscher Werke und den Ariendrucken in Lüttich[9] ein Zusammenhang besteht.

[9] A. WOTQUENNE (1904), S. 197, Anm. 1; S. 198, Anm. 5. Vgl. auch A. EINSTEIN (o. J.), S. 58.

V. L'ILE DE MERLIN (1758)

Die nächste und letzte Besprechung von Aufführungen Gluckscher Opern in Wien findet sich im *Journal encyclopédique . . . Pour le 15. Decembre 1759. Tome VIII. Troisiéme Partie,* S. 130 f. In ihr sind die beiden komischen Opern *L'Ile de Merlin* und *Cythère assiégée* behandelt. Danach schweigt die Stimme des unbekannten Korrespondenten. Nach der Berichterstattung über den Stand der Wissenschaften in Wien kommt die Rede auf die Theater und deren Leiter Graf Durazzo; der Abschnitt zu *L'Ile de Merlin* lautet (S. 130 f.):

«La Musique, les Ballets & la Décoration, tout respire sur les deux Théâtres de Vienne, le goût de celui qui les dirige. Amateur passionné, connoisseur délicat, dans un païs où les Arts ne sont point assez généralement honorés, M. le Comte de Durazzo se fait un mérite d'accueillir les talens, & de rechercher tous les hommes distingués par ces dons du génie.
Quand je parle de la Musique, ce n'est pas seulement de celle qui accompagne la Danse, mais de celle qui fait valoir ces petits Drames qu'on appelle Opera Comiques. Ce genre a trop souvent été rabbaissé par des Vaudevilles triviaux; on cherche à le relever ici par les charmes de l'Harmonie. Depuis que vous n'avés fait mention des Théâtres de Vienne, on y a donné des Spectacles dont la description méritoit une place distingué dans votre Journal. Mais entr'autres, *Le Monde Renversé,* réprésenté sous le titre de *l'Isle de Merlin,* a fait une impression de plaisir qui dure encore. Les retranchemens & les additions ont rendu cet amusement de la Foire, vraiment digne de la Cour & de la Ville. Les airs de chant étoient presque tous nouveaux; la décoration se ressentoit de la magie qui fait le fonds & le sujet de cette piéce.»

Der Rezensent betont besonders die musikalische Gestaltung, die über die Art und Weise der Darbietung auf der Pariser Foire weit hinausging und dem Bedürfnis des Hofes nach Prachtentfaltung, Würde und Glanz entsprechen sollte. Offenbar befand sich die Oper auch noch 1759 im Spielplan der Wiener Theater.

VI. CYTHÈRE ASSIÉGÉE (1759)

Dem Bericht über *L'Ile de Merlin* schließt sich unmittelbar der über *Cythère assiégée* bzw. *Le Siège de Cythère* an, wie der Rezensent schreibt und auch Gluck selbst die Oper später meistens genannt hat[10]; er lautet (S. 131 f.):

«Un autre spectacle, non moins enchanteur, c'est *Le Siége de Cythére.* Les habits, tous les ornemens du Théâtre, & la Musique faisoient l'ensemble le plus propre à réaliser toutes les fictions que la Poësie à imaginées sur cette Isle romanesque. On y voyoit des Chœurs brillans composés de jeunes Amans & d'Enfans de l'un & de l'autre sexe, jusqu'au nombre de 60. personnes. Les murailles de Cythére ne tomboient que pour laisser voir l'interieur de cette Ville admirable, & le temple de l'Amour. Une harmonie voluptueuse invitoit à s'y rendre, & répandoit sur toute l'assemblée les douces influences de la Divinité.
Je m'arrête à ces deux piéces, & je n'en dis qu'un mot, parcequ'elles n'appartiennent pas au Théâtre de Vienne, quoiqu'on ait sçû les lui approprier par les changemens qu'on y a

[10] Vgl. *Glucks Briefe an Franz Kruthoffer* (1927), S. 16, 18, 21, 28.

faits, pour les adapter soit au goût musical de la Nation Allemande, soit à la délicatesse d'une Cour qui veille sur les bonnes mœurs, comme sur le trésor le plus precieux de l'Etat.»

Wieder sind es die Ausführung und die szenische Gestaltung, die besonders eindrucksvoll gewesen sein müssen. Chöre bis zu einer Zahl von 60 Personen — das sind Massen, die man in einer Opéra comique kaum vermutet hätte. Die *„harmonie voluptueuse"* deutet erneut auf eine voll klingende Musik, wie sie ganz allgemein in Wien im Gegensatz zu Paris in dieser Gattung bevorzugt wurde.

Beide Opern, *L'Ile de Merlin* und *Cythère assiégée*, haben einen sehr nachhaltigen Eindruck auf den Rezensenten gemacht, der — das spürt man immer wieder — als ein Anhänger der Musik Glucks und der Theaterleitung unter Graf Durazzo[11] anzusehen ist. Die Tatsache, daß die am 3. Oktober 1759 aufgeführte Opéra comique *L'Arbre enchanté* nicht mehr in dem Bericht behandelt wird, läßt darauf schließen, daß dieser vor diesem Datum abgefaßt ist. Für die Chronologie der Werke Glucks des Jahres 1759, wie sie unter Berichtigung des Verzeichnisses von Wotquenne u. a. in Rudolf GERBERS Biographie (1950, S. 90) vorliegt, ergeben sich keine Änderungen; das genaue Datum der ersten Aufführung von *Cythère assiégée* muß weiterhin offen bleiben.

VII. IL PARNASO CONFUSO, TELEMACCO UND SEMIRAMIS (1765)

Ein letzter Bericht stammt aus der Feder des Baron Gottfried van Swieten. In einem Brief vom 16. Februar 1765 schilderte er dem kaiserlichen Minister in Brüssel und persönlichen Mentor, Johann Karl Philipp Graf Cobenzl, seine Eindrücke von den Hochzeitsfeierlichkeiten in Wien im Januar 1765. 1953 machte Ernst Fritz SCHMID (1953)[12] bereits in seinem Aufsatz *Gottfried van Swieten als Komponist* auf diesen Brief aufmerksam, wertete ihn aber nur auf sein Thema hin aus und nicht auf die die Gluckforschung interessierenden Hinweise.

Die Vermählung des römischen Königs und nachmaligen Kaisers Joseph II. mit der bayerischen Prinzessin Josepha wurde mit außerordentlichem Prunk gefeiert, wie auch die von Otto Erich DEUTSCH (1966 und 1967) und anderen beschriebenen bildlichen Darstellungen einiger Festaufführungen zeigen. Der Hauptanteil am Theaterprogramm mit einer großen Oper (*Telemacco*, 30. 1.), einer Serenata (*Il Parnaso confuso*, 24. und 27. 1. sowie 9. 2.), ausgeführt von den kaiserlichen Kindern, und einer Ballettpantomime (*Semiramis*, zusammen mit *Bajazet* von Racine, 31. 1.) lag in den Händen Glucks. Außerdem wurden am 25. 1. die Serenata *Il Trionfo d'Amore* von Florian Gaßmann (Text von Pietro

[11] Auch vor der oben zitierten Besprechung des *Rè Pastore* sind die Verdienste des Grafen Durazzo gebührend hervorgehoben, *Journal encyclopédique* (1757), VI. 3, S. 126—127.

[12] S. 17. Der hier teilweise veröffentlichte Brief wird in Brüssel in den Archives générales, Secrétairerie d'Etat et de Guerre Nr. 1238 (Korrespondenz Gottfried van Swieten — Graf Cobenzl), aufbewahrt.

Metastasio) und am 26. 1. zwei von *„Dames et cavalliers"* gespielte französische Komödien (Wiederholung am 28. 1.) aufgeführt[13]. Van Swieten erwähnt in seinem Bericht nur die musikalischen Hauptereignisse, und das waren die Werke Glucks, wenn auch in einem durchaus unterschiedlichen Sinn. Nachdem der nachmalige Hofbibliothekar von seiner eigenen Tätigkeit als Regisseur und Komponist im Rahmen von Privataufführungen beim Herzog von Arenberg gesprochen hat (Schmid 1953, S. 17), führt er wie folgt fort:

> «... toutes ces occupations ont été interrompues par beaucoup de grandes Fêtes et un Carnaval aussi vif et aussi brillant qu'il n'y en a jamais eu de pareil à Vienne. il faut dire un mot à Votre Excellence des Fêtes du mariage qui ont ennuyé tout le monde, je ne parle que des fêtes publiques, car l'Opéra des Archiduchesses est une chose unique dans son genre, et n'a pu etre assés admiré indépendamment du rang des personnages; mais le grand opéra est des plus tristes, et par dessus le marché on a donné le second jour de l'allégresse publique, Bajazet tragédie fort noire suivie d'un Ballet pantomime plus noir encore, qui rassemble dans un quart d'heure toutes les horreurs de la tragédie de Sémiramis, et les met en action sous les yeux du Spectateur, aussi toute la Cour et la Ville en a été revoltée. il y a une Société d'hypocondres ici á la tête desquels est M. Calzabigi qui veulent absolument introduire parmi nous toute la dureté des Spectacles Anglais et depuis trois ans tous les Opéra qu'on donne ne sont que des apparitions de spectres, des Diables, des monstres des assassinats. cela produit un bien cependant, en ce que cela fait naître des partis qui donnent une sorte de vivacité aux Spectacles, qu'on n'y trouvoit pas auparavant. M. Calzabigi s'est donné la peine d'écrire une longue Dissertation pour prouver á tous ceux, qui n'admireroient pas le Ballet de Sémiramis, qu'ils ne sont que des sots, on a fait ce Ballet pour faire briller Mad^elle^ Nancy, ci devant maitresse du Duc de Wirtemberg, et qui fait de belles grimaces, mais elle ne danse pas, Calzabigi dit que la vraye danse ne s'exécute pas avec les pieds, mais avec le visage, La D^ele^ aussi ne se soucie pas des pieds, car elle les a tournés en dedans comme un perroquet, mais on nous dit, que la bonne Danse n'exige pas que les pieds soyent tournés en dehors, et que c'est une invention moderne, on dispute sur tout cela fort vivement, et l'on y met autant d'importance que les français pourroient y mettre. on distingue les deux partis par la physionomie, tous les partisans de Sémiramis font la grimace, et les autres rient; ...»

Die *„Opéra des Archiduchesses"* ist *Il Parnaso confuso.* Pietro Metastasio hatte den Text dazu verfaßt; die Umstände der Aufführung faßte er selbst in einem Brief an Carlo Broschi vom 28. Januar 1765 zusammen (1951–1954, Bd. 4, S. 380):

> „Eccovi un picciolo dramma, comandato, immaginato, scritto, posto in musica, esercitato, decorato e prodotto in cinque settimane, e non in Vienna, ma a Scenbrun [Schönbrunn], nella ridente stagione d'un inverno teutonico."

An seinen Bruder Leopoldo Trapassi in Rom berichtete Metastasio (1951–1954, Bd. 4, S. 379) am 31. Dezember 1764 auch von seiner Aufgabe als Regisseur dieser Aufführung: *„... sono incaricato della direzione delle quattro auguste attrici"*. Die Darstellerinnen waren die Erzherzoginnen Maria Elisabeth (damals 21 Jahre alt), Maria Amalia (18 Jahre), Maria Josepha (13 Jahre) und Maria Karolina (12 Jahre); am Cembalo saß Erzherzog Leopold (17 Jahre) und leitete von dort aus die Aufführung. Daß eine solche Darbietung eine *„chose unique dans son genre"* war, wie van Swieten schreibt, und von aller Welt gebührend bewundert wurde, kann man sich leicht vorstellen. In welcher Herrscherfamilie

[13] Aus der Zeit Maria Theresias (1927), S. 78. Vgl. dazu auch O. E. Deutsch (1966), S. 26.

konnten denn schon fünf Geschwister dem Bruder und den Eltern eine kleine *„Operette"* als Hochzeitsgeschenk darbringen? In einem enthusiastischen, bereits bekannten Bericht drückt sich Fürst Khevenhüller-Metsch in ähnlichem Sinne aus, wenn er auf die *„kleine Operette"*, wie er das Werk nennt, zu sprechen kommt: *„Es war auch dises in der That und sans flatterie eines der sehenswürdigsten* [Schauspiele], *so villeicht noch* [im Sinne von ‚je'] *an einem Hof aufgeführet worden ..."* (AUS DER ZEIT MARIA THERESIAS 1927, S. 77).

Die *„grand opéra"* — gemeint ist Glucks *Telemacco* zu einem Libretto von Marco Coltellini — wird nur mit einem Satz bedacht: sie gehöre zu den traurigsten. Khevenhüller dagegen hatte sich zu ihr nur notiert, daß sie *„ohne neuen Ballet"* sei, *„so die Spectateurs nicht wenig choquiret hat"* (S. 80). Im Grunde ist dies ein französischer Vorwurf, dem sich Gluck schon in Wien und nicht erst Ende der siebziger Jahre in Paris ausgesetzt sah. Einen Ersatz für Balletteinlagen sollte zweifelsohne die Ballettpantomime *Semiramis* darstellen, die wohl das umstrittenste Werk der Hochzeitsfeierlichkeiten war.

Van Swieten zeigt sich dem Leser als Gegner der Reformbestrebungen, die seit einigen Jahren am Wiener Theater erkennbar waren. Wenn man sich allerdings vergegenwärtigt, daß der Baron von 1760 bis 1763 in Paris gelebt und sich vom Herbst 1763 bis zum Sommer 1764 in diplomatischem Auftrag in Warschau aufgehalten hat (SCHMID 1953, S. 16 f.), also in Wien nur gelegentlich Aufführungen gesehen haben kann, wird man ihn als Parteigänger bezeichnen müssen, der von Informationen aus zweiter Hand lebte und sich danach ein Urteil bilden zu können glaubte. Glucks revolutionäre Werke *Le Festin de Pierre* (1761) und *Orfeo ed Euridice* (1762) dürfte er kaum selbst gesehen haben; jedenfalls fehlt es dafür vorerst noch an Belegen. Nichtsdestoweniger werfen die Aussagen van Swietens ein bezeichnendes Licht auf die Vorgänge am Theater in Wien: Eine *„Société d'hypocondres"* mit Calzabigi an der Spitze — ferner sind Durazzo, Angiolini und Gluck zu den so freundlich Apostrophierten zu zählen — wollte unbedingt die *„dureté des Spectacles Anglais"* einführen, und schon seit drei Jahren sähe man in der Oper nur noch *„apparitions de spectres"* (etwa der Commandeur in Glucks *Le Festin de Pierre*[14] und Ninus in *Semiramis*), *„apparitions des diables"* (in *Le Festin de Pierre*[15]), *„apparitions des monstres"* (die Furien in *Le Festin de Pierre* und *Orfeo*) sowie *„apparitions des assassinats"* (Don Juan, Ninias in *Semiramis*). Immerhin gesteht van Swieten der neuen Stilrichtung zu, daß sie doch ein Gutes nebenbei bewirkt, nämlich das Theaterleben belebt und zur Bildung von Parteien geführt habe, die allen Aufführungen eine vordem nicht gekannte prickelnde Spannung verleihe. Die Bemerkung, daß man sehr heftig über die Theorie und Praxis der Pantomime disputiere und der Angelegenheit eine solche Bedeutung beimesse, wie es die Franzosen getan haben würden, beschwört jene Atmosphäre herauf, die in Paris zu Beginn der fünfziger Jahre die Auseinandersetzungen im Buffonistenstreit bestimmt hat und von

[14] Graf Zinzendorf bezeichnet in einer Tagebuchnotiz zur Aufführung von *Le Festin de Pierre* die Erscheinung des Commandeurs im 2. Akt ausdrücklich als *„le spectre"*, s. Chr. W. GLUCK (1966), S. XI (a).

[15] Vgl. wiederum die Tagebuchnotiz von Zinzendorf, Chr. W. GLUCK (1966), S. XI (a).

der van Swieten sicherlich während seines Aufenthaltes in der französischen Hauptstadt noch Eindrücke empfangen haben dürfte, zumal die Diskussion darüber nie verstummte (Abert 7/1955, S. 527). Drastisch werden denn auch die Anhänger und Gegner der *Semiramis* beschrieben: Die einen ziehen ein Gesicht wie die Hauptdarstellerin (*„font la grimace"*), die anderen lachen.

Zwei Hinweise in dem Bericht sind von besonderem Interesse. Van Swieten bezeichnet Raniero de Calzabigi als den Autor jener *Dissertation sur les Ballets Pantomimes des Anciens pour Servir de Programme au Ballet Pantomime Tragique de Semiramis*, die in das Werk Angiolinis einführen, die künstlerischen Prinzipien darlegen und eine Ästhetik der Pantomime begründen sollte. Richard Engländer läßt die Frage der Autorschaft im Vorwort des betreffenden Bandes der Gluck-Gesamtausgabe offen, denkt aber an eine Mitwirkung Calzabigis bei der Abfassung der genannten *Dissertation* wie auch der Vorrede des Programms zu *Le Festin de Pierre* von Gluck und Angiolini (Wien 1761)[16]. Es besteht kaum Grund zu der Annahme, van Swieten sei falsch unterrichtet gewesen oder habe dem Grafen Cobenzl unrichtige Details mitgeteilt. Die führende Rolle Calzabigis bei den Reformbestrebungen am Wiener Theater ist seit langem bekannt und immer wieder, wenn auch mit unterschiedlicher Betonung, gewürdigt worden (Abert 1960, S. 110—121; Gerber 1950, S. 92—96). Van Swieten bezeichnet ihn ausdrücklich als Kopf einer Gruppe von Männern. Selbst wenn man ihm diese Stellung nicht einräumen möchte, muß man ihn wohl doch als den Reform-Theoretiker des Wiener Kreises um Durazzo bezeichnen, der einen Musiker wie Gluck und einen Choreographen wie Angiolini benötigte, um seine Ideen verstanden zu wissen und auch verwirklicht zu sehen.

Richard Engländer bezeichnet Gasparo Angiolini als Exponenten einer Mailand-Wiener Schule der Ballett- und Pantomimenkunst, in dessen großem Gegenspieler, Jean Georges Noverre, dagegen sieht er französische Tanz- und englische Schauspieltraditionen zusammenfließen (Gluck 1966, S. VIII). Hier erscheint aufgrund des Berichtes van Swietens eine kleine Korrektur angebracht, denn spricht dieser nicht ausdrücklich im Zusammenhang mit dem Werk Angiolinis von *„der ganzen Schroffheit der englischen Schauspiele"*, die Calzabigi unbedingt auf dem Wiener Theater einführen wollte? Ein Aufenthalt Calzabigis in England wird vermutet, ist zur Zeit aber noch nicht nachweisbar (Abert 1952, Sp. 684; Michel 1918, S. 110). Eine gewisse Kenntnis der englischen Schauspielkunst darf man bei einem so weitgereisten und interessierten Mann wie Calzabigi erwarten, zumal gerade das Phänomen Shakespeare um 1765 äußerst lebhaft von der internationalen Literaturkritik diskutiert wurde (Gluck 1966, S. XVI). Auch war die Hauptdarstellerin Trancard, geb. Nancy, von der Stuttgarter Truppe Noverres nach Wien übergewechselt. Angiolini selbst ist sicherlich unter dem Einfluß italienischer und wienerischer Tanzkunst aufgewachsen, hat jedoch zweifellos auch Anregungen aufgenommen, die ihm Calzabigi aus der Kenntnis des Pariser Balletts und englischen Schauspiels vermittelte.

[16] Chr. W. Gluck (1966), S. XVI. — R. Gerber (1950, S. 94, 100) war von der Autorschaft Calzabigis bereits fest überzeugt. R. Haas (1923, S. 18) hielt die *Dissertation* für eine gemeinsame Arbeit von Angiolini und Calzabigi.

Den Schluß des Berichtes van Swietens nimmt eine beinahe satirische Beschreibung der pantomimischen Vorführungen der Mademoiselle Nancy ein. Sie mache schöne Grimassen, tanze aber nicht; um ihre Füße bekümmere sie sich gar nicht, denn sie habe sie nach innen gedreht wie ein Papagei; doch sei das eine moderne Erfindung, wie man ihm gesagt habe. Der Baron hatte offenbar nicht begriffen, daß die Nancy nicht im klassisch französischen Sinne tanzen, sondern Handlung und Musik durch sprechende Gebärden sowohl des Körpers als auch des Gesichtes ausdrücken wollte.

Um 1756 ist, wie Ernst Fritz SCHMID (1953, S. 16) mit Briefzitaten nachweisen konnte, der junge van Swieten (* 1733) ein glühender Anhänger Glucks und seiner Kunst gewesen, also zu der Zeit, als der Cavaliere seine italienischen Opere serie *L'Innocenza giustificata, Antigono* sowie *Il Rè Pastore* niederschrieb und erste Versuche in der für Wien neuen Gattung der Opéra comique unternahm. Um so mehr überrascht, daß in dem Brief von 1765 der Name Glucks nicht begegnet, obwohl drei Werke von ihm behandelt werden. Der Ton des Berichtes zeigt, daß van Swieten dem neuen Theaterstil unter Durazzo ablehnend, ja verständnislos gegenüberstand; die Oper *Telemacco* wird als eine der traurigsten bezeichnet, die Pantomime *Semiramis* als noch schwärzer als das ohnehin schon schwarze Drama *Bajazet* von Racine. Für das ehemalige Idol „Gluck" hat van Swieten jetzt, wo sich jener auf vermeintliche Abwege begeben hatte, kein Wort mehr übrig. Obwohl van Swieten von Komposition etwas verstand und einige musikalische Werke geschrieben hatte, spricht er auch ohne Namensnennung an keiner Stelle des behandelten Briefes von der Musik Glucks. Es gibt zwei Möglichkeiten, sich diesen Umstand zu erklären. Einerseits könnte van Swieten – vielleicht auch mit Rücksicht auf den Adressaten Graf Cobenzl, dessen Einstellung zu Gluck nicht bekannt ist – mit Absicht über Glucks Musik geschwiegen haben, um desto boshafter die Gedanken Calzabigis und Angiolinis und vor allem die Vorführungen der Nancy geißeln zu können. Allerdings wäre er dann einem bedauerlichen Irrtum erlegen. Er hätte nämlich die einzelnen Situationen der Fabel, die pantomimische Ausführung und die Musik nur als lose und kaum aufeinander bezogene künstlerische Produkte und Leistungen und nicht als Teile eines Ganzen betrachtet, die gerade in der *Semiramis* eine unauflösliche Einheit bilden. Andererseits ist jedoch nicht zu verkennen, daß van Swieten bei der Beurteilung der *Semiramis* von einem für ihn verheerenden Gesamteindruck zur Kritik einzelner Momente – wie der Kunsttheorie und der Darbietung durch die Nancy – übergeht. Darin ist sicherlich auch die Ablehnung der musikalischen Sprache Glucks eingeschlossen, ohne daß van Swieten ein Wort darüber verliert. Aus einem ehemals begeisterten Anhänger war offensichtlich ein ebenso entschiedener Gegner geworden. Ob damit bereits das letzte Wort zu van Swietens Verständnis für die Kunst Glucks gesprochen ist, muß offen bleiben, solange unbekannt ist, wie er die späteren Reformwerke Glucks aufgenommen hat.

ZUSAMMENFASSUNG

Die veröffentlichten, zeitgenössischen Aufführungsberichte behandeln folgende Werke Glucks: La Semiramide riconosciuta (1748), L'Innocenza giustificata (1755), Il Rè Pastore (1756), La Fausse Esclave (1758), L'Ile de Merlin (1758), Cythère assiégée (1759), Il Parnaso confuso (1765), Telemacco (1765) und Semiramis (1765).

Autoren dieser Berichte sind Pietro Metastasio, ein anonymer Korrespondent des in Lüttich erschienenen Journal encyclopédique (1756 ff.) und Baron Gottfried van Swieten.

Sie können als drei typische Vertreter einer Kunstkritik angesehen werden, die dem künstlerischen Bemühen Glucks distanzierte, aber Teilmomente richtig erfassende Skepsis (Metastasio), unreflektierte Begeisterung (Journal encyclopédique) oder nach anfänglicher Begeisterung dann mit beißendem Spott gewürzte Ablehnung (van Swieten) entgegenbrachten.

Anhand eines Berichtes im Journal encyclopédique konnte das bisher unbekannte Datum der ersten Aufführung von Glucks Opéra comique La Fausse Esclave exakt bestimmt werden (8. Januar 1758); sie ist damit als erstes Werk Glucks in dieser Gattung anzusehen.

LITERATUR

Abert, Anna Amalie: Calzabigi (Calsabigi), Ranieri Simone Francesco Maria.
1952 In: MGG Bd. 2, Sp. 683—690.

dies.: Christoph Willibald Gluck. Zürich.
1960

Abert, Hermann: W. A. Mozart, Bd. 1. Leipzig.
7/1955

Aus der Zeit Maria Theresias. Tagebuch des Fürsten Johann Josef Khevenhüller-Metsch, Kaiser-
1908 lichen Obersthofmeisters. 1745—1749, hrsg. von Rudolf Graf Khevenhüller-Metsch und Hanns Schlitter. Wien und Leipzig.

dass.: . . . 1764—1767. Wien.
1927

Deutsch, Otto Erich: Gluck im Redoutensaal.
1966 In: Österreichische Musikzeitschrift, Sonderheft Oktober 1966, S. 25—29.

ders.: Höfische Theaterbilder aus Schönbrunn.
1967 In: Österreichische Musikzeitschritft, 22, 577—584.

Dittersdorf, Karl Ditters von: Lebensbeschreibung seinem Sohne in die Feder diktiert, hrsg. von
1940 Eugen Schmitz. Regensburg.

Einstein, Alfred: Gluck. Sein Leben — seine Werke. Zürich und Suttgart.
o. J.

Fucilla, Joseph G.: Avviamento per una nuova edizione dell'epistolario metastasiano.
1956 In: Delta. Rivista di Critica e di Cultura, N. S., No. 9, S. 51—60.

ders.: Nuove lettere inedite del Metastasio.
1958 In: Convivium. N. S., 26, 586—593.

Fürstenau, Moritz: Zur Geschichte der Musik und des Theaters am Hofe zu Dresden, Bd. 2.
1862 Dresden.

Gerber, Rudolf: Christoph Willibald Gluck. Potsdam.
1950

Giornale letterario di Siena, Jg. I. Siena.
1776

Gluck, Christoph Willibald: L'Innocenza giustificata, hrsg. von Alfred Einstein. Wien.
1937 = DTÖ 44, Bd. 82.

ders.: L'Ile de Merlin, hrsg. von Günter Haußwald. Kassel.
1956 = Gluck. Sämtliche Werke, IV, 1.

ders.: Don Juan / Semiramis, hrsg. von Richard Engländer. Kassel.
1966 = Gluck. Sämtliche Werke, II, 1.

ders.: Il Re Pastore, hrsg. von László Somfai. Kassel.
1968 = Gluck. Sämtliche Werke, III, 8.

Glucks Briefe an Franz Kruthoffer, hrsg. von Georg Kinsky. Wien, Prag, Leipzig.
1927

Haas, Robert: Die Wiener Ballett-Pantomime im 18. Jahrhundert und Glucks Don Juan.
1923 In: Studien zur Musikwissenschaft, 10, 6—36.

ders.: Gluck und Durazzo im Burgtheater. Zürich, Wien, Leipzig.
1925

Hortschansky, Klaus: Parodie und Entlehnung im Schaffen Christoph Willibald Glucks.
1966 Phil. Diss. Kiel (mschr.).

ders.: Doppelvertonungen in den italienischen Opern Glucks.
1967 In: Archiv für Musikwissenschaft, 24, 54—63 und 133—144.

ders.: Die Festaufführung fand nicht statt. Bemerkungen zu Christoph Willibald Glucks „La
1968 Corona".
In: Neue Zeitschrift für Musik, 129, 270—274.

Journal encyclopédique. Liège.
1756—1759

Kühner, Hans: Gabrielli, Catterina.
1955 In: MGG Bd. 4, Sp. 1209—1211.

Kunz, Harald: Der Wiener Theaterspielplan 1741—1765.
1953/1954 In: Jahrbuch der Gesellschaft für Wiener Theaterforschung, [9] (Wien 1958), 72—113.

Mattei, Saverio: La Filosofia della musica.
1781 In: Pietro Metastasio, Opere. Novissima edizione Giusta l'ultima di Parigi, dall'Autore corretta, ed accresciuta di due volumi di Opere inedite e Di scelte Dissertazioni dall'Editore adornata, Bd. 3. Neapel.

Metastasio, Pietro: Tutte le opere, hrsg. von Bruno Brunelli, Bd. 3—4. (Mailand).
1951—1954

Michel, Hertha: Rainieri Calzabigi als Dichter von Musikdramen und als Kritiker. Mit einer
1918 biographischen Einleitung.
In: Gluck-Jahrbuch, 4, 99—171.

Schmid, Ernst Fritz: Gottfried van Swieten als Komponist.
1953 In: Mozart-Jahrbuch, 15—31.

Vogel, Emil: Die Handschriften nebst den älteren Druckwerken der Musik-Abtheilung der
1890 Herzogl. Bibliothek zu Wolfenbüttel. Wolfenbüttel.

Wotquenne, Alfred: Catalogue thématique des œuvres de Chr. W. v. Gluck. Leipzig (Reprint
1904 Hildesheim 1967).

DIE KLAVIER-WALZER OP. 39 VON JOHANNES BRAHMS UND IHRE TRADITION

WINFRIED KIRSCH

Johannes Brahms schrieb seine *Walzer für das Pianoforte* op. 39[1] im Januar 1865, bevor er Wien für eineinhalb Jahre verließ. Im Herbst zuvor hatte er die Leitung der Wiener Singakademie nach einjähriger unerfreulicher Dirigententätigkeit aufgegeben. Die Metropole an der Donau hatte zu dieser Zeit schon viel von ihrer führenden Stellung innerhalb des europäischen Musiklebens eingebüßt. So hatte auch Brahms seine Übersiedlung nach Wien (1862) schon seinerzeit als ein trauriges Ereignis empfunden (OSTHOFF 1942, S. 8), wobei allerdings der mißlungene Versuch des jungen Musikers, in Hamburg eine feste Anstellung zu erhalten, mitgespielt haben dürfte. Trotz alledem erwies er der Donaustadt, oder besser ihrer großen musikalischen Tradition, eine kleine Reverenz mit jenen sechzehn *„kleinen unschuldigen Walzern in Schubertscher Form"*[2]. Er widmete sie seinem großen Mentor, Eduard Hanslick, für den er menschlich eine so *„herzliche Zuneigung"* wie nur für *„wenig Menschen"* empfand[3], von dem er aber andererseits glaubte, daß er (Hanslick) zu seiner *„Musik niemals ein wirkliches Verhältnis gehabt hat"*[4]; in HANSLICKS Buch *Vom Musikalisch Schönen* hatte Brahms bereits zehn Jahre vorher *„so viel Dummes"* gefunden, daß er sich die vollständige Lektüre desselben versagte[5]. Nun, die äußerlich relativ bescheidenen Klavierwalzer waren wohl genau das Richtige für den mit Vorliebe vierhändige Klaviermusik spielenden Hanslick, und so kam dem Komponisten, *„an Wien, an die schönen Mädchen"* denkend, *„ganz wie von selbst [dessen] Name mit hinein"*[6]. Der Widmungsempfänger bedankte sich für diese *„Waffenruhe am Klavier"* mit einer überaus geistvollen Besprechung des Werkes (KALBECK 3/1921, S. 193 ff.). Die Stücke entsprachen in ihrer *„schlichten Unbefangenheit"* sicher dem klassischen Ideal Hanslicks und seiner Vorstellung von der *„reinen Welt der Schönheit"* (HANSLICK 4/1911, II, S. 15); er sah in ihnen *„eine Art Bekehrung zu dem poetischen Hafisglauben Haydns, Mozarts und Schuberts"*. Schon

[1] *Dr. Eduard Hanslick zugeeignet. Walzer für das Pianoforte componirt von Johannes Brahms. op. 39. Zu zwei Händen. Zu vier Händen. Leichte Ausgabe zu zwei Händen;* 1. Ausgabe Leipzig und Winterthur 1867, J. Rieter-Biedermann. — Gesamtausgabe Bd. XIV, S. 33 u. 47 (zweihändige Fassungen), Bd. XII, S. 26 (vierhändige Fassung).

[2] Brief an E. Hanslick vom April 1866; vgl. M. KALBECK (3/1921), S. 193.

[3] Brief v. 27. August 1895 an Cl. Schumann; vgl. B. LITZMANN, Hrsg., (1927), II, S. 596.

[4] Nach F. GRASBERGER (1952), S. 197; eine Äußerung gegenüber R. Specht im Todesjahr.

[5] Brief v. 15. Januar 1856 an Cl. Schumann; vgl. B. LITZMANN, Hrsg., (1927), I, S. 168.

[6] Vgl. Anmerkung 2.

daraus geht hervor, daß Hanslick zum inneren Kern dieser Kompositionen nicht vorzustoßen vermochte; das hatte Brahms wohl auch gar nicht erwartet. Daß sich auch die poetische Welt Robert Schumanns in einigen von ihnen spiegelt, deutete bereits Kalbeck an.

Mit diesen Namen ist die Traditionslinie der Brahmsschen Klavier-Walzer aufgezeigt, eine Linie, die in der Literatur seither immer wieder etwas unreflektiert genannt wird und die doch – betrachtet man sich die Stücke einmal etwas näher – eine eigenartige Gebrochenheit aufweist. Der ständige (im einzelnen aber nie recht nachgewiesene) Vergleich mit den nun wirklich überwiegend höchst bescheidenen Schubertschen Tänzen trug sicher nicht unwesentlich zu jener Unterbewertung der Brahmsschen Kompositionen bei, die in der Literatur überall anzutreffen ist. Trotz seiner traditionellen äußeren Formen ist das Brahmssche op. 39 eine höchst persönliche, in seiner Art einmalige Schöpfung eines in der klassischen Tradition denkenden und romantisch fühlenden Musikers, der der Biedermeierseligkeit Wiens, einer selbstzufriedenen „heilen Welt", nur noch entfremdet, gleichsam prismatisch gebrochen musikalischen Ausdruck geben konnte. *„Der Geist Schuberts"* oder wenigstens der seiner Tänze ist es gerade n i c h t, der über diesen Brahms-Walzern schwebt, wie A. Orel (1948, S. 111) meint.

Die Brahmsschen Klavier-Walzer wurden bisher immer wieder unter dem Gesichtspunkt der Begegnung eines ernsten, schwerfälligen norddeutschen Menschen mit der heiteren Gelöstheit der Wiener Atmosphäre gesehen[7]. Diese Sicht beinhaltet jedoch primär nur die emotionelle, nicht die rationale Seite der Sache. Übersehen wurde offensichtlich die in diesen Stücken vollzogene Auseinandersetzung eines Wissenden mit der Unbekümmertheit, mit der Unverbindlichkeit. Diese Auseinandersetzung tritt allerdings nicht offen zutage; man muß schon etwas genauer hinhören, um sie in vollem Umfang wahrzunehmen. Sie geschieht nicht so sehr in den einzelnen Stücken des Zyklus selbst als im Nebeneinander der verschiedenartigen Kompositionen, in der Aufeinanderfolge unterschiedlicher Verwirklichungen der musikalischen Walzeridee, wobei der Begriff „Walzer" hier sehr weit gefaßt werden soll. So entstand mit op. 39 ein Werk, das eine eigenartige, für seinen Schöpfer allerdings charakteristische Zwischenstellung einnimmt: sich selbst distanzierend von der klassischen Walzer-Gebrauchsmusik Beethovens und Schuberts – und doch an vielen Stellen mit dieser kokettierend; weit über eine anspruchslose Hausmusik sich erhebend – und doch in manchen Takten deren Selbstzufriedenheit begierig aufgreifend; abseits der virtuosen Konzertwalzer-Musik eines Hummel, Weber (und später Chopin und Liszt) stehend – und doch verschiedentlich sich an dieser aufrichtend; basierend auf dem klassischen Formenkodex – gleichzeitig aber diesen innermusikalisch schon überwindend; der Tradition verpflichtet – diese jedoch ständig kritisch reflektierend (und deshalb nicht traditionell im üblichen Sinne).

Brahms schuf drei Fassungen seines op. 39: eine am 17. März 1867 im Wiener Redoutensaal von den Schwestern Vrabély uraufgeführte vierhändige, eine zweihändige und eine erleichterte zweihändige Version. Nur die letztgenannte Fassung trägt den Charakter einer

[7] Schon E. Hanslick (Kalbeck 3/1921, S. 193 ff.) schreibt: *„Der ernste, schweigsame Brahms ... schreibt Walzer? Des Rätsels Lösung: Wien"*.

J. BRAHMS, WALZER OP. 39

Nr.	Tonart 4hdg. (2hdg.)	Vorschrift	Umfang (Takte) Insg.	1. Teil	2. Teil	Großform	Rhythmische Motive
1	H	Tempo giusto	48	/:8:/	/:16:/	/:A:/:BA':/	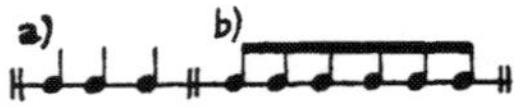
2	E	(dolce)	48	/:8:/	/:16:/	/:A:/:BA':/	
3	gis	(dolce)	32	/:8:/	/:8:/	/:A:/:B:/	
4	e	Poco sostenuto (appassionato)	52	/:8:/	/:18:/	/:A:/:BA':/	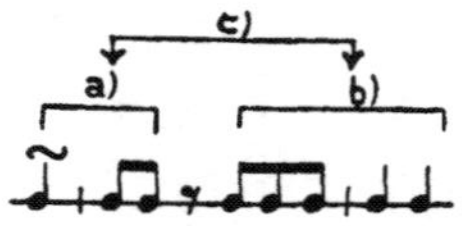
5	E	Grazioso	44	/:8:/	/:14:/	/:A:/:BA':/	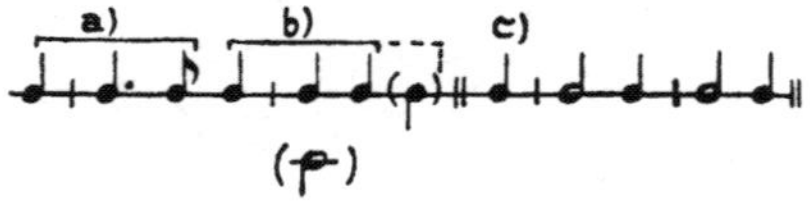 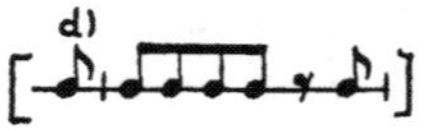
6	Cis	Vivace (leggiero quasi pizzicato)	68(69)	/:8:/	/:26:/(+1)	/:A:/:BA':/	
7	cis	Poco più andante (dolce)	70	/:8:/	/:26:/+2	/:A:/:BA'A":/	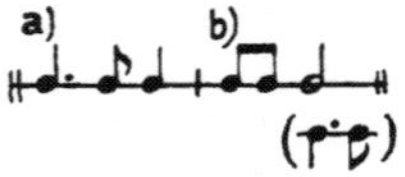

8	B	(dolce; sotto voce)	60	/:12:/	/:18:/	/:A:/:A'A'':/	
9	d	(espressivo)	48	/:8:/	/:16:/	/:A:/:B:/	
10	G	(poco scherzando)	32	/:8:/	/:8:/	/:A:/:A':/	
11	h	---	80	/:16:/	/:24:/	/:A:/:BA':/	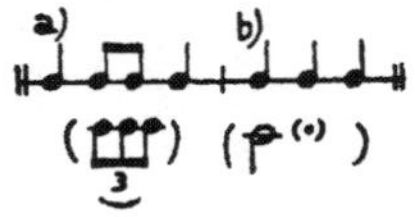
12	E	(espressivo; più dolce)	64	/:12:/	/:20:/	/:A:/:BA':/	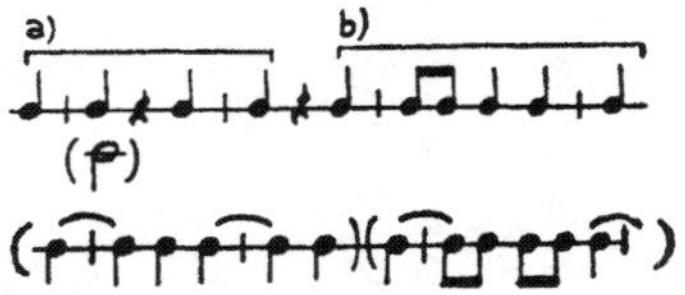
13	C (H)	---	32	/:8:/	/:8:/	/:A:/:A':/	
14	a (gis)	---	72	24(/:12:/)	/:24:/	/:A:/:BA':/	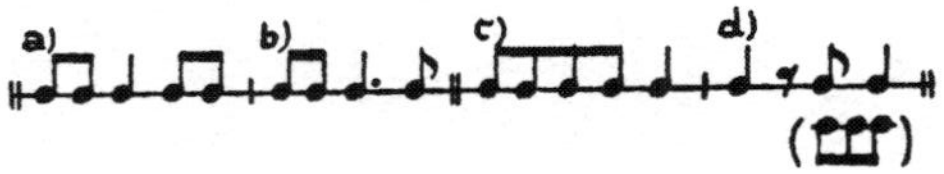
15	A (As)	(dolce)	44	/:8:/	28	/:A:/BABA'/	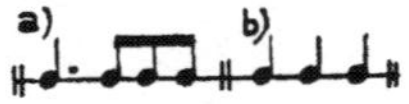
16	d (cis)	(espressivo)	32	16	/:8:/	/AA'(B)/:B'(A''):/	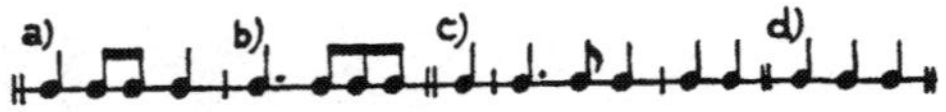

Bearbeitung. Sowohl die vier- als die normale zweihändige Fassung müssen als „Originalkompositionen" angesehen werden; jede hat der anderen gegenüber Vor- und Nachteile. So ist die zweihändige Version die pianistisch weitaus dankbarere; die vierhändige hat dagegen ein größeres Klangspektrum, obwohl sie den zur Verfügung stehenden Klangraum bei weitem nicht immer ausnutzt. Musikalisch stimmen beide — von einigen wenigen Punkten abgesehen — überein, so daß in dieser Studie einfach von den Klavier-Walzern gesprochen werden kann. Wo die Unterschiede zwischen beiden Fassungen für den Zusammenhang gravierend sind, werden sie jeweils vermerkt. Somit können auch ohne weiteres die zweihändigen Walzer-Kompositionen älterer Meister zum Vergleich mit herangezogen werden.

Betrachten wir die Brahmsschen Walzer op. 39 zunächst systematisch in einem Überblick (vgl. Tabelle S. 40/41). Die zyklische Zusammenfassung der einzelnen, durchaus individuellen Stücke erfolgt als Reihung, das heißt ihre Gruppierung unterliegt keinem umfassenden, vorgegebenen, vorgedachten Formschema, sondern einer aufs Gesamtinhaltliche bezogenen geistigen Reflexion, einer Logik des Eins-aus-dem-anderen oder des Eins-auf-das-andere. So sind die Stücke in erster Linie jeweils auf die sie direkt umgebenden Kompositionen bezogen. Dies ist auch in den Tanzzyklen Beethovens und Schuberts der Fall, nur daß dort die Aufeinanderfolge nicht nur sehr viel zwangloser erscheint, sondern es auch faktisch ist. Das wahlweise Zusammenfügen der einzelnen Tanzstücke durch Komponist, Verleger und Interpret ist gerade im Falle Schubert erwiesen[8]. Außerdem erfolgt die Reihung bei Schubert weit weniger auf der Basis des musikalischen und inhaltlichen Kontrastes als bei Brahms. Während das erste Stück der Brahmsschen Klavier-Walzer deutliche Züge einer „Introduktion" besitzt, fehlt der letzten Komposition (Nr. 16) der für die klassischen Tanzzyklen übliche Finalcharakter gänzlich; dieses Schlußstück, das mit dem vorangehenden inhaltlich eng verbunden ist und mit dem der Zyklus im wahrsten Sinne des Wortes ausklingt, verklingt, faßt aber — wie wir noch sehen werden — die Walzerreihe dennoch auf seine Art zusammen. Seine Logik leitet sich vom innermusikalischen Geschehen und nicht von einer äußeren Klang- und Formgebung her.

So erscheint auch die Tonartenfolge der 16 Stücke recht zwanglos. Neun Durtonarten stehen sieben Molltonarten gegenüber; der relativ hohe Anteil des Mollgeschlechts ist für Brahms' Gesamtschaffen charakteristisch. Als eine Art „Grundtonalität" des Zyklus schält sich der E- und H-Dur-Bereich mit Parallelen und Medianten heraus; er ist bestimmend vor allem bis Nr. 7 und dann wieder ab Nr. 11 (in der zweihändigen Fassung) mit Ausnahme von Nr. 15. Die Nummern 8—10 und 15 fallen etwas aus dem tonartlichen Rahmen des Ganzen heraus, wenn sie auch wie im Falle von Nr. 7/8 und 14/15/16 durch enharmonische Verwechslungen ganz folgerichtig entstehen. Die letzten vier Walzer, Nr. 13—16, stehen in der vierhändigen Fassung in C, a, A und d[9], in der zweihändigen einen halben Ton tiefer (H, gis, As, cis). Der Grund für diese Transposition ist unklar. Die Tonartenfolge der zweihändigen Fassung schließt sich ohne Frage logischer an das E-Dur-Stück Nr. 12 an und

[8] Neuerdings wurde dieser Sachverhalt von Gisela Probst (1969, S. 48 ff.) dargestellt.

[9] Kleine Buchstaben bezeichnen stets die Moll-, große die Dur-Tonarten.

integriert sich auch besser in die Disposition des gesamten Zyklus. Andererseits entbehrt das Ausweichen der vierhändigen Fassung in den noch nicht so „verbrauchten" Tonartenbereich C, a, d auch nicht einer gewissen Berechtigung. Vielleicht entspricht die Tonartenfolge der zweihändigen Fassung doch der ursprünglichen Intention des Komponisten, die er auf Grund spieltechnischer Überlegungen aber nur in der anspruchsvolleren zweihändigen Fassung verwirklichte (die Stücke sind in H, gis, As, cis technisch um einige Grade schwieriger). Denn die vierhändige Fassung ist im ganzen gesehen (für den jeweiligen Einzelspieler) ohne Zweifel spieltechnisch einfacher gehalten, und man gewinnt den Eindruck, daß dies ganz bewußt geschah, da der Klang (auch gegenüber der zweihändigen Fassung) oft regelrecht ausgespart ist (vgl. die volleren Akkorde in Nr. 13—15 oder den virtuosen Vierundsechzigstel-Lauf in Nr. 14, Takte 35/36 der zweihändigen Fassung; die klanggesteigerte Wiederholung — Doppelterzen gegenüber Terzen — des ersten Teils von Nr. 14 in der vierhändigen Version bedeutet keine Steigerung der Virtuosität). Die obige Annahme wird dadurch erhärtet, daß auch die *Leichte Ausgabe zu zwei Händen* die Tonartenfolge der vierhändigen benutzt und zudem noch den Walzer Nr. 6 durch die Transposition von Cis nach C spieltechnisch vereinfacht.

Dem gleichen zyklischen Reihungsprinzip unterliegen die übrigen Kategorien unserer systematischen Übersicht. Nur fünf Stücke tragen am Kopf eine Tempoanweisung; sie stehen sämtlich in der ersten Hälfte des Zyklus (Nr. 1—7)[10]. Einige weitere enthalten innerhalb des Klaviersystems Ausführungsvorschriften, unter denen „dolce" die häufigste ist. Die sparsame Tempo- und Ausdruckscharakteristik innerhalb des Zyklus geht in ihrem Umfang nur wenig über die Anweisungen in den Schubertschen Tänzen für Klavier hinaus, obwohl den im einzelnen charakterlich sehr individuellen Kompositionen von Brahms durchaus eine genauere Ausführungsinstruktion zustände. Es ist, als ob der Komponist seine Stücke schon damit bewußt der Tradition verpflichten und vor allem gegen die Schumannsche Klaviermusik mit ihren poetisch-programmatischen Devisen abgrenzen wollte. Der klassizistische Zug dieser Maßnahme ist unverkennbar.

Der Umfang der einzelnen Walzer schwankt zwischen 32 und 80 Takten (die Wiederholungen sind jeweils mitgezählt); das heißt, kleinere und größere Stücke wechseln in scheinbar zwangloser Folge miteinander ab. Realiter sind die Stücke natürlich auch in dieser Hinsicht (als Kontraste) unmittelbar aufeinander bezogen, nur nicht in einem übergeordneten, großformalen Sinne. Alle 16 Walzer sind zweiteilig, wobei der erste Teil im Durchschnitt aus einer achttaktigen, wiederholten Periode besteht. In Nr. 16 wird diese nicht genau wiederholt, sondern variiert. In Nr. 8, 12 und 14 ist sie auf 12, in Nr. 11 auf 16 wiederholte Takte erweitert. Der zweite Teil umfaßt in vier Fällen (Nr. 3, 10, 13, 16) ebenfalls nur 8 wiederholte Takte. Drei Stücke (Nr. 1, 2, 9) haben einen doppelt so langen zweiten Teil. In sieben Kompositionen (Nr. 4, 6, 7, 8, 11, 12, 14) ist dieser noch umfangreicher (bis zu 26 Takten). Die aus jeweils zweimal acht wiederholten Takten bestehenden

[10] Ohne einen zwingenden Zusammenhang mit dieser Tatsache zu konstatieren, sei hier erwähnt, daß Brahms ursprünglich beabsichtigte, seine Walzer op. 39 in zwei Heften herauszubringen; vgl. den in Anmerkung 2 erwähnten Brief.

kleinen Kompositionen stellen einfache Reihungsformen A B (s. auch Nr. 9) oder A A' dar, die vor allem für die barocke Tanzmusik typisch sind. Die meisten Brahmsschen Walzer folgen der Großform ‖: A :‖: B A' :‖. In ihr vermengen sich eigentlich drei verschiedene Formprinzipien: Die intendierte Bogenform A B A wird durch die Wiederholung der beiden Teile, das heißt durch ihre Ableitung aus der Dualform (ERPF 1967, S. 62 ff.) A B, zu einer Art Rondoform A A B A B A[11]. Dieser formale Zwittercharakter wird — wie wir noch sehen werden — bei Brahms zu einem zentralen kompositorischen Problem. Der Teil B kann melodisch (seltener rhythmisch) oder auch nur harmonisch in Kontrast zum A-Teil stehen. Die Grenzen zwischen Kontrast und Variation bzw. Durchführung von A sind im B-Teil oft sehr fließend.

Bis dahin erscheint die großformale Anlage der Brahmsschen Klavier-Walzer op. 39 ziemlich traditionell und der weitverbreitete Hinweis auf die Anlehnung an den „Wiener Walzer" Schubertscher Prägung auch gerechtfertigt. Werfen wir einen Blick auf einige Vorläufer unseres Studienobjektes:

Die 1802 entstandenen *6 Ländlerischen Tänze* (KINSKY WoO 15) von Ludwig van Beethoven sind in der einfachen, bei Brahms nur noch in vier Fällen anzutreffenden Dualform A B mit zweimal acht wiederholten Takten geschrieben. Den Abschluß der Reihe bildet — wie auch in den übrigen Tanzzyklen Beethovens — eine auf die letzte Komposition Bezug nehmende Coda. Die *7 Ländlerischen Tänze* (1798; KINSKY WoO 11) des gleichen Meisters sind ganz ähnlich gestaltet, nur daß hier bei einem Stück (Nr. 2) der zweite Teil nicht aus einem wiederholten Achttakter, sondern aus nicht wiederholten sechzehn Takten besteht, von denen die ersten acht den ersten Teil variieren und die folgenden acht diesen wiederholen: ‖: A :‖ A' A ‖. Die hier schon entfernt anklingende Reihungsform A A B A B A tritt dann, ebenfalls noch innerhalb der Zweimal-acht-(bzw. Sechzehn-)Takte-Form, im 9. Stück der 1795 für den Wiener Redoutensaal geschriebenen *XII Deutschen Tänze* (KINSKY WoO 8) Beethovens[12] auf, und zwar in der folgenden Kombination der einzelnen Viertaktperioden: ‖: a a' :‖: b a" :‖. Diese Stücke haben außerdem noch — wie auch viele Klavier-Walzer Schuberts — ein ebenso gebautes Trio. Aber erst in dem Klavier-Walzer Es-Dur (1824; KINSKY WoO 84) Beethovens ist die Konsequenz aus dieser Formintention gezogen: Der zweite Teil ist nun auf 16 Takte erweitert und kann jetzt die gesamte Achttaktperiode des ersten Teils wiederholen: ‖: A :‖: B A :‖.

Die Klavier-Walzer Franz Schuberts weisen die gleichen Großformen auf, nur in einem etwas anderen zahlenmäßigen Verhältnis. Die 36 Stücke op. 9 (DEUTSCH Nr. 365) aus den Jahren 1816—21 stellen eine unverbindliche Reihung der kleinen Dualform (zweimal acht wiederholte Takte) dar. Die beiden Teile der einzelnen Kompositionen sind thematisch entweder gleich (AA') oder verschieden (AB) gebaut. In Nr. 1 begegnen wir der schon bei

[11] Dieses Formschema zeigt im übrigen verwandte Züge mit der von A. LORENZ (s. MGG I, 1260) benannten Reprisenbarform AABA; diese Bezeichnung soll aber wegen ihrer Problematik in unserem Zusammenhang nicht verwendet werden.

[12] Wie die vorangehenden Zyklen mit einer Klavierfassung vom Komponisten.

Beethoven konstatierten rudimentären Reprisenform, in der der Nachsatz der achttaktigen zweiten Periode mit dem Vordersatz aus dem ersten Teil bis auf die Kadenz übereinstimmt. Nr. 29 bildet formal eine Ausnahme in diesem Zyklus: Der zweite Teil umfaßt sechzehn Takte und besteht aus einer Art Mittelteil (acht Takte) und einer variierenden Reprise (acht Takte) des ersten Teils. Die gleiche Großform findet sich dann im Walzer Nr. 11 aus op. 18a (1815—21; DEUTSCH Nr. 145). Auch im Eingangsstück der *Deutschen Tänze* op. 33 (1823/24; DEUTSCH Nr. 783) stehen die beiden Teile im Verhältnis 1 : 2 (8 : 16 jeweils wiederholte Takte), nur daß hier der zweite Teil keine Reprise des ersten bringt, sondern die verschiedenen Motivgruppen in einem recht freien Spiel miteinander verbindet; es ist die gleiche Form ı : A : ı : B : ı, die Brahms in Nr. 9 seines op. 39 verwendet. Die übrigen Stücke der Schubertschen Reihe sind wieder einfache zweimal achttaktige Dualformen. In diesen ist auch die Mehrzahl der *Valses sentimentales* op. 50 (1823/24; DEUTSCH Nr. 779) gehalten. Die unter dem Titel *Hommage aux belles Viennoises* als op. 67 im Jahre 1827 bei Diabelli erschienenen Ländler (DEUTSCH Nr. 734) enthalten dagegen schon mehrere entwickeltere Formen: In Nr. 1, 4 und 8 umfaßt der erste Teil acht, der zweite sechzehn Takte (mit Reprise bzw. freier Variation des ersten Teils); in Nr. 6 variiert die dritte Achttaktperiode zunächst die zweite und kommt dann erst reprisenähnlich auf die erste zurück; Nr. 7 erweitert den zweiten Teil auf zwölf Takte; in Nr. 11 erfolgt praktisch eine Umkehrung der zweiten und dritten Achttaktperiode: ı : A : ı : A'B : ı, vergleichbar mit dem Walzer Nr. 16 von Johannes Brahms (in gewisser Hinsicht auch mit Nr. 8). Einer relativ freien Form begegnen wir schließlich auch in Nr. 3 der 1827 von Haslinger edierten *Valses nobles* op. 77 (DEUTSCH Nr. 969) von Schubert: An die wiederholten sechzehn Takte des ersten Teils schließen sich mehrere Vier-, Acht- und Zehntaktperioden (insgesamt 38 Takte) unter freier Verwendung der beiden Motive und reprisenhaften Anknüpfungen; Nr. 5 hat die Form ı : AA' : ı : A'' A' : ı, wobei beide Teile je sechzehn wiederholte Takte umfassen; Nr. 7 folgt wieder der schon bekannten Form ı : A : ı : BA' : ı; Nr. 9 hat einen achttaktigen codaähnlichen Anhang; Nr. 12 ebenfalls, außerdem ist hier der Mittelteil (B) auf zwölf Takte erweitert, und konsequenterweise entfällt bei diesem Schlußstück die Wiederholung des zweiten Teils. Das op. 77 ist also unter den Schubertschen Walzer-Zyklen die formal am weitesten entwickelte Reihe. Von den zwölf *Grazer Walzern* op. 91a (DEUTSCH Nr. 924), einem Spätwerk aus dem Jahr 1827, ist wiederum nur das Schlußstück in der erweiterten Form ı : A : ı : BA' : ı (sechzehn bzw. zweiunddreißig wiederholte Takte) gehalten.

Die letztgenannte Großform findet sich dann auch bei Robert Schumann: *Carnaval* op. 9 (1834/35), Nr. 16 (*Valse allemande*): ı : A (8) : ı : B (8) A (8) : ı; in etwas erweiterter Form in Nr. 4 (*Valse noble*): ı : A (8) : ı : B (16) A (8) A' (8) : ı und in Nr. 3 (*Arlequin*): ı A (8) A' (8) ı : B (12) A (8) A' (8) : ı. Das Schlußstück (Nr. 18) der *Davidsbündlertänze* op. 6 (1837) reiht an einen wiederholten achttaktigen Teil A (mit zweitaktigem Vorspiel) einen sechzehntaktigen Mittelteil B und einen sehr freien, die A-Periode variierenden, codamäßigen, nichtwiederholten Abschnitt aus 39 Takten; diese Form ist vergleichbar mit op. 77, 3 von Schubert.

Zusammenfassend läßt sich sagen, daß auch Schubert noch die einfache zweiteilige Tanzform A A′ oder A B bevorzugt. Sie ist am besten geeignet für eine zwanglose Reihung mehrerer der Praxis dienender Tanzstücke. Hier bildet die Wiederholung der beiden Teile noch kein innermusikalisches Problem[13]. Wie wir sahen, benutzen Schubert und nach ihm Schumann aber auch schon alle anderen Großformen, die wir bei Brahms dann finden, vor allem die Form ‖: A :‖: B A :‖, wobei der Teil B mehr oder weniger gegensätzlich ist, die Wiederaufnahme von A im zweiten Teil mehr oder weniger variativ erfolgt. Dem Werk Beethovens und Schuberts nach zu urteilen hat sich diese Walzer-Hauptform mit der Kombination von acht und sechzehn wiederholten Takten Mitte der zwanziger Jahre des 19. Jahrhunderts herausgebildet, und zwar aus der barocken Reihungsform[14] A B oder A A′, die sich vermischte mit der klassisch-romantischen Gleichgewichtsform A B A, woraus sich dann die rondohafte Reihung A A B A B A ergab. Diese Vermischung im Grunde gegensätzlicher Formintentionen stellt solange kein Problem dar, wie Ausdruck und Charakter der Musik spielerisch bleiben, der Wechsel der einzelnen Perioden zwanglos erfolgt, der Eintritt eines neuen Abschnittes ohne Konsequenz für den darauf zu wiederholenden früheren bleibt, das heißt solange Veränderung und Variation keine Entwicklung bedeuten. Dies ist weitgehend bei Schubert und auch in den genannten Stücken Schumanns der Fall. Bei Brahms ändert sich das, wie wir in der Einzelbesprechung der Werke gleich sehen werden.

Zuvor müssen wir noch einen Blick auf die formale Kleinstruktur der Brahmsschen Walzer, das heißt, auf den Bau der einzelnen Perioden werfen. Die achttaktige Walzer-Periode besteht in der Regel aus einem jeweils viertaktigen Vorder- und Nachsatz, die metrisch, harmonisch und meist auch melodisch miteinander korrespondieren. Der melodisch-rhythmische Aufbau der Perioden erfolgt überwiegend auf der Basis eintaktiger (gelegentlich mit Auftakt versehener) Motive, die sich jeweils zu zweitaktigen Motivgruppen zusammenschließen, sich aber im Verlauf der Stücke dann meist verselbständigen, das heißt, isoliert durchgeführt werden. Sie stellen in erster Linie rhythmische Modelle dar; die Melodik spielt für die Formstruktur dieser „Tanzmusik" eine nur untergeordnete Rolle und soll demnach von uns auch nur am Rande betrachtet werden. Eine Reihe der Brahms-Walzer (Nr. 2, 3, 6, 8, 9) benutzt lediglich ein rhythmisches Eintaktmotiv. Die meisten verwenden zwei rhythmische Modelle, entweder in der Zweitakt- bzw. Viertaktgruppierung a b a b (Nr. 4, 5, 7, 10–14, 16), wobei im weiteren Verlauf ein Motiv auch allein durchgeführt wird, oder von vornherein in freier Kombination, z. B. a a b a (Nr. 1, 15). Nur wenige Walzer von Brahms sind auf der Grundlage von mehr als zwei rhythmischen Motiven gebildet (Nr. 5, 14, 16).

[13] Wahrscheinlich wird sie von der Choreographie sogar direkt gefordert. Auf die choreographisch fixierte Form vieler Schubertscher Tänze wies erst kürzlich G. PROBST (1969, S. 9) hin.

[14] H. ERPF (1967, S. 62) meint, daß auch in dieser Form ein *„Hin und zurück"* stattfinde und es sich genau genommen gar nicht um eine offene Reihungsform handele. — Da sich der „Rücklauf" jedoch nur latent, vornehmlich auf harmonischem Sektor vollzieht, soll in unserem Zusammenhang an der Bezeichnung (offene) Reihungsform im Gegensatz zur (geschlossenen) Bogenform festgehalten werden.

Ein Blick auf die Walzer (bzw. Ländler) von Beethoven, Schubert und Schumann belehrt uns, daß die bei Brahms ausgemachten rhythmischen Motivschemata und ihre Kombinationen an sich wiederum traditionell sind. Nur die Art ihrer Auskomponierung differiert mit der Kompositionsweise seiner Vorgänger beträchtlich, wie darzustellen sein wird. Die monomotivische Struktur finden wir in mehreren Stücken der *Ländlerischen Tänze* Beethovens, vor allem im jeweiligen zweiten Teil der Kompositionen, in Form von durchlaufenden Achteln. Eine typische Gruppierung zweier rhythmischer Modelle begegnet uns in Nr. 9 der *12 Deutschen Tänze* (KINSKY WoO 13)[15]:

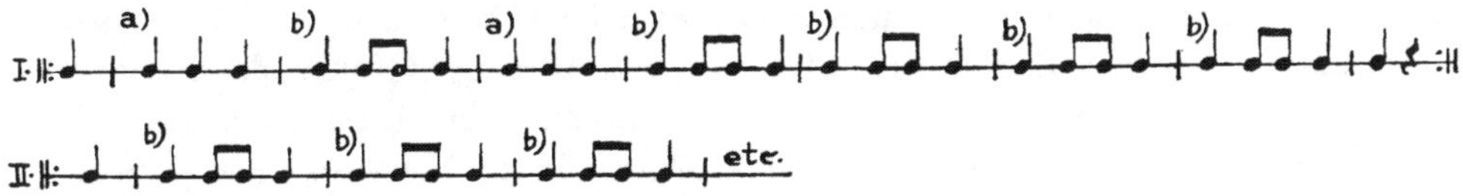

Eine Kombination dreier rhythmischer Motive sei aus dem bekannten Walzer Nr. 7 aus op. 33 von Franz Schubert angeführt:

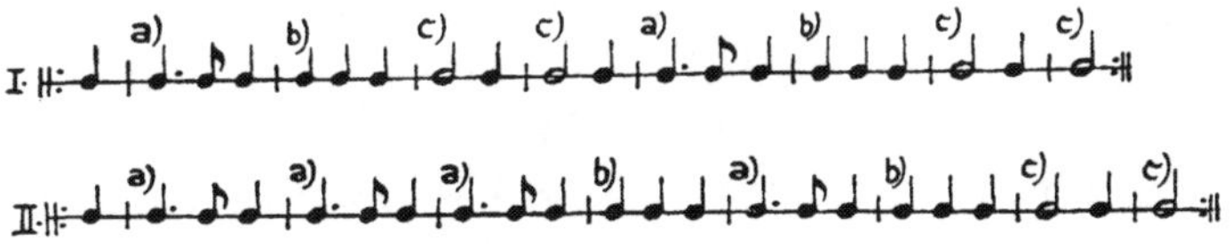

Die Monomotivik kommt bei Schubert selten vor, in den oben genannten Stücken von Schumann nur in op. 6, Nr. 18 (über größere Strecken auch in op. 9, Nr. 16). Eine strikt durchgeführte a b-Kombination erkennen wir in op. 9, Nr. 3:

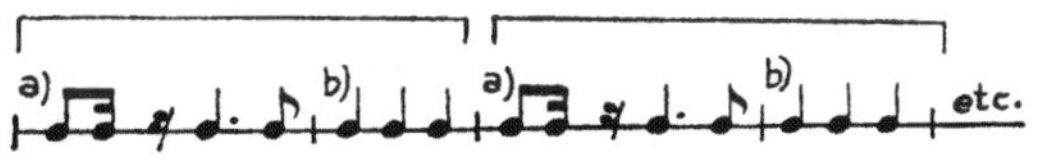

sowie die freie Kombination a b b b, a b b c im Hauptteil und die Struktur a b a b a b a a a b a b a b a a im Mittelteil von Nr. 4 des gleichen Opus.

Der augenfälligste Unterschied zwischen den Brahms-Walzern op. 39 und ihren Vorgängern von Beethoven und Schubert besteht im Charakter, im Anspruch der Stücke und in ihrer Zweckbestimmung. Dieser Unterschied läßt auch die hier wie dort in gleicher Weise auftretenden äußeren Formstrukturen bei Brahms nicht nur in einem anderen Licht, sondern auch innerlich verändert erscheinen. Beethovens und zum größeren Teil auch Schuberts Walzer- bzw. Ländler-Zyklen gehören zum Genre der eigentlichen Tanzmusik. Es sind Walzerketten, deren einzelne Glieder vor allem tonartlich und melodisch zwar etwas differieren, aus-

[15] Erstmals hrsg. v. O. E. DEUTSCH (1929).

drucksmäßig sich jedoch alle in einem relativ engen Rahmen bewegen. Sie sind durchweg heiter, allgemeinverbindlich und führen in ihrer Entwicklung geradlinig zum Wiener Walzer eines Johann Strauß und dessen Nachfolger. Brahms dagegen schreibt überwiegend höchst individuelle kleine Konzertwalzer, die sich nur noch den Schein einer Allgemeinverbindlichkeit geben. Sie fügen sich zu einem Zyklus trotz (oder auch auf Grund) ihrer im einzelnen konträren Aussage; nicht also als gleichartige, wenn auch unterschiedlich schillernde Glieder einer Kette, die als Ganzes nicht mehr aussagt als ihre einzelnen Teile, sondern als selbständige, auch als Einzelstücke ernst zu nehmende Kompositionen, die aber ihren eigentlichen, über das rein Technisch-Musikalische hinausweisenden Anspruch erst in der zyklischen Gemeinschaft geltend machen können. Es ist stilisierte Tanzmusik, die lediglich noch die Formen der „leichten Muse" benutzt. Diese Ambivalenz der Brahmsschen Klavier-Walzer, diese zweifache Möglichkeit, sie entweder in der Tradition stehend, gleichsam als problemloses, heiteres Nebenprodukt eines ernsten Musikers oder als eine mit dieser Tradition lediglich noch spielende, durchaus ernst zu nehmende, ja geradezu bekenntnishafte musikalische Aussage zu betrachten, fesselt bei jeder Beschäftigung mit diesen Stücken von neuem. — Nur einige wenige Arbeiten Schuberts weisen schon auf diesen Charakter hin; sie fallen zugleich auch ausdrucksmäßig aus dem Rahmen, in dem sie stehen: Erwähnt sei Nr. 11 aus op. 18a sowie Nr. 1 und vor allem Nr. 12 und 15 aus op. 33. Die in Frage kommenden Kompositionen Schumanns sind größtenteils Charakterstücke innerhalb einer zyklischen Programmidee und deshalb schon mit den Brahms-Walzern in oben genannter Hinsicht kaum zu vergleichen. Auch sie stehen außerhalb des der „Praxis" dienenden Tanzmusik-Genres und erheben sich infolgedessen auch über das Niveau desselben; und doch fehlt ihnen fast durchweg die sich auf die Formstruktur niederschlagende Hintergründigkeit der Brahmsschen Kompositionen, da sie sich ganz so geben, wie sie wirklich sind, nämlich untraditionell; sie sind somit letztlich ehrlicher als die Brahms-Walzer, die das Untraditionelle mit Konventionellem zu kaschieren versuchen.

Nachdem wir die historischen und stilistischen Voraussetzungen der Klavier-Walzer von Johannes Brahms umschrieben haben, können wir uns nun diesen selbst im einzelnen zuwenden.

Brahms eröffnet seinen Zyklus mit dem Walzer in H-Dur (Nr. 1) sehr schwungvoll, ausladend. Schon Kalbeck (3/1921, II, S. 195) wies auf die Verwandtschaft dieser Musik mit Nr. 1 der Schumannschen *Papillons*, op. 2, hin. Die melodisch-rhythmischen Anklänge, ob bewußt oder unbewußt, lassen sich nicht überhören. Und doch ist bei Schumann eigentlich alles anders: Sein (im übrigen auch programmatisches) Stück läuft wegen der andersartigen motivischen Gruppierung rhythmisch reibungslos ab; es ist periodisch scharf profiliert, überwiegend im piano-dolce gehalten und hat einen etwas verträumten, viertaktigen Mittelteil, der eine motivische Nebensächlichkeit, den Kadenzsekundschritt vom Ende des ersten Teils, spielerisch durchführt. Der einheitliche tänzerische Bewegungsablauf ist hier durchgehend gewahrt, nicht aber in dem etwas kantigen, gestelzten Brahms-Walzer, in dem das tempo rubato so vordergründig auskomponiert ist. Schon gleich am Anfang läßt uns

Brahms nicht im unklaren darüber, daß er uns eine weitgehend stilisierte Walzerfolge vorzulegen beabsichtigt. Darüber hinaus hat das Stück den Charakter einer die bunte Tanzfolge einleitenden Introduktion.

Die Komposition folgt der Großform A A B A' B A', über die schon eingehend gesprochen wurde. Interessant ist ihre Kleinstruktur (vgl. hierzu Tabelle S. 40/41):

I.	|: a a b a	a a b b :|	A
II.	|: b b b a'	b b b a'	B
	a a b a	a a b'a' :|	A'

Der erste Teil besteht aus einer achttaktigen Periode, deren Vorder- und Nachsatz zwar die gleichen beiden Motive benutzen, diese jedoch jeweils anders anordnen. Bedeutsam ist das Verhältnis der beiden Motive untereinander. Diastematisch besteht der Vordersatz aus einem geschlossenen, einheitlichen Melodiezug:

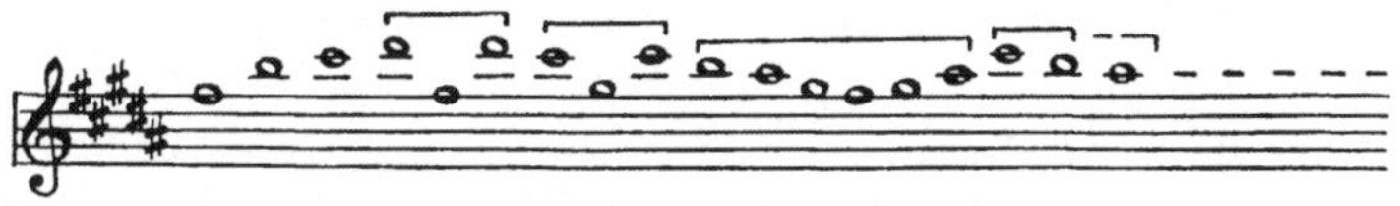

Auf den dem b-Motiv verpflichteten Aufschwung folgen auf- und abpendelnde Intervalle, die sich allmählich verengen (Sext — Quart — diatonisch ausgefüllte Quart — Terz bzw. Sekund). Erst die rhythmische Gliederung in Viertel- und Achtelnoten bewirkt eine Doppelmotivik, mit der Brahms in mehrfacher Weise spielt. Der innerhalb einer strengen Metrik unregelmäßige Einsatz des b-Motivs verursacht jenes reizvolle rhythmische Drängen und Stocken. Andererseits sind beide Motive so eng aufeinander bezogen, daß das Achtelmotiv (b) zum elanvollen Auslöser des Viertelmotivs (a) wird. Das zeigt sich schon in dem Dreiachtelauftakt, der das Viertelmotiv gleichsam kurz ankurbelt und den Takt 3 vorbereitet. Bei einer derartigen Überlegung wird die Verdoppelung des Achteltaktes im Nachsatz (Takte 7—8) verständlich: Hier am Ende des ersten Teils, wo man eine abschließende Halbkadenz oder gar eine Vollkadenz erwartet, bedarf es einer erneuten Ankurbelung des „Hauptmotivs", das dann bei der Wiederholung des ersten Teils gleichsam herausgeschleudert wird. Eine beruhigende Kadenz- und Zäsurwirkung wird vermieden, das musikalische Geschehen verläuft wie ein Mobile, ohne Halt; das plötzliche Piano sowie das Legato (anstatt Staccato) nach dem Doppelstrich sind zunächst nur von äußerer, dekorativer Wirkung.

Die quantitative Disproportionalität der beiden Motive im ersten Teil verstärkt sich noch ab Takt 9; der zweite Teil nimmt die Achteldrehbewegung direkt auf und führt sie in verstärktem Maße weiter. Immer deutlicher fungiert sie als ein drängendes Agens, als eine dynamische Gegenkraft zum abspringenden Viertelmotiv, das in dem achttaktigen Mittelteil nur in zwei Takten, und zwar in einer rhythmisch gedehnten, passiven Form erscheint (man beachte den intensivierenden Vorschlag, Takte 12 und 16, der keineswegs als reine Verzierung zu betrachten ist). Der ganze Mittelteil (Takte 9—16) mit seinem drängenden, zweimaligen, sequenzierten Ansatz (aufsteigende Bässe in realen metrischen

Zweiviertelgruppen!) ist ausgerichtet auf den in Takt 17 wiederkehrenden „Hauptteil", den er dynamisch auslöst und der äußerlich eine variierte Wiederholung des ersten Teils auf einer höheren Stufe (E anstatt H), innermusikalisch jedoch keine eigentliche Reprise, sondern die Erfüllung, das Ziel der bis dahin verlaufenden Entwicklung darstellt. Erst ganz am Schluß wird die antreibende Achtelbewegung logischerweise zu einer eintaktigen, kadenziellen Figur umfunktioniert.

Mit der vorgeschriebenen Wiederholung des zweiten Teils wird das Formproblem dieses kleinen Walzers im ganzen Umfang akut. Die Idee der ABA-Form, die für Brahms' Klavierstücke generell primäre Bedeutung hat, die zweiteilige Walzerform, wie sie vor allem Beethoven und Schubert pflegten, sowie eine romantische, dynamische Entwicklung werden hier gleichzeitig wirksam. Diese drei Formprinzipien sind aber letztlich miteinander unvereinbar. Die dynamische Entwicklung, der von uns beobachtete Widerstreit der beiden Motive, der durch das ganze Stück fortlaufende Zug begreifen die Wiederholung des ersten Teils noch in sich ein, die des zweiten Teils, die faktisch nichts mehr bringt, was nicht schon gesagt wäre, jedoch nicht mehr. Im Gegenteil, diese Wiederholung hebt den Entwicklungszug nachträglich nahezu wieder auf, transformiert das spannungsvolle Nebeneinander beider Motive ins Unverbindliche, Spielerische (dazu trägt übrigens auch das plötzliche Piano am Anfang des zweiten Teils bei), womit nicht nur dem leichten Metier dieser Musik, sondern vor allem auch der Konvention Genüge getan wird. Die Tradition allein gebietet die zweite Wiederholung. Der Sachverhalt ist übrigens prinzipiell der gleiche wie im 1. Satz der klassischen Sonate, an die unsere Walzerform in manchen Punkten erinnert[16]; dort (im Klavierwerk Beethovens) entfällt nämlich konsequenterweise allmählich die Wiederholung des Durchführungs- und Reprisenteils. Brahms zieht diese Konsequenz in seinen — allerdings sehr viel traditionsbeladeneren, aber immerhin einige Jahrzehnte später entstandenen — Walzern nicht; die Verbindung der drei formalen Gestaltungsprinzipien bleibt ungelöst, und dies dürfte symptomatisch für die historisch-kompositorische Stellung von Brahms sein. Wir werden im weiteren Verlauf des Zyklus auf das hier angeschnittene Problem in noch stärkerer Ausprägung — auch auf harmonischem Gebiet — stoßen. Der Eingangswalzer bewegt sich harmonisch noch in gewohnten Bahnen: Der erste Teil moduliert über die Paralleltonart zur Dominante, der zweite über die Unterdominante zur Tonika zurück; das gesteigerte E-Dur (gegenüber H-Dur) der „Reprise" allerdings entspricht deutlich dem aufgezeigten dynamischen Entwicklungszug.

Auf das energische, etwas widerborstige Eingangsstück folgt ein im „dolce" wiegender, auch in seinen Konturen geschmeidiger E-Dur-Walzer (Nr. 2). Dieser ist sehr viel un-

[16] Das dortige Prinzip — wiederholte Themenaufstellung, Durchführung der Themen, Reprise auf der Basis des mit der Durchführung erreichten Entwicklungsstandes — finden wir auch hier, wenn auch in ganz anderen Proportionen und in abweichender Kompositionstechnik (u. a. ohne das sog. Seitenthema). Ersichtlich dürfte daraus werden, daß die sog. klassische Sonatenform kein an die Gattung Sonate genetisch gebundenes Gestaltungsprinzip darstellt, sondern daß hinter dieser Sonatenform eine wohl zeitstilistisch bedingte, im Grunde gattungsunabhängige ästhetische Gestaltungsidee steckt, die sich in verschiedenen musikalischen Strukturen verwirklichen kann.

problematischer als der erste. Hier findet die Unbeschwertheit, die von allem Irdischen gelöste, unverwechselbare Stimmung des Wiener Walzers einen bezaubernden Ausdruck[17]. Die liedförmig periodisierte Melodie ergibt sich aus der Aneinanderreihung eines rhythmisch gleichbleibenden Eintaktmotivs. Die Intervalle dieses Motivs verengen und weiten sich, verlaufen auf- und absteigend, ohne einem übergeordneten dynamischen Entwicklungszug zu folgen. Die einzelnen melodischen Motivformen stehen in einem spielerischen Verhältnis zueinander, ihre energetische Spannung ist in erster Linie harmonikal bedingt. Diese Musik ist ungebrochen, selbstzufrieden. Dabei ist die Komposition großformal ähnlich gestaltet wie Nr. 1 (AABABA). Jedoch der „Mittelteil" (B) bringt — im Rahmen des isorhythmischen Modells — keine Weiterführung, sondern nur Abwechslung. Deshalb wirkt die Wiederholung des zweiten Teils kaum störend oder gar „zerstörend" wie in Nr. 1. Auch der harmonische Radius ist enger: Der erste Teil moduliert zur Dominante (Vorder- und Nachsatz beginnen in der Tonika), der „Mittelteil" von der Dominante zur Tonika, mit der auch die Reprise beginnt und schließt.

Der Ausdruck ungetrübter Freude währt bei Brahms nicht lange. Schon mit dem gis-Moll-Walzer (Nr. 3) bekommt die Walzerseligkeit ihren Wermutstropfen; ein Stück voll zarter Melancholie, Versonnenheit und Poesie[18], an Chopin gemahnend. Es verhält sich zu der vorangehenden Komposition gleichsam wie die Rückseite zur dekorativen Vorderseite; es ist eine persönliche Antwort des Johannes Brahms auf den Wiener Walzerton. Klanglich und formal (zweimal acht wiederholte Takte) reduziert und vereinfacht, übernimmt es den dolce-Ausdruck, den wiegenden Charakter und die Monomotivik von Nr. 2. Auch das rhythmische Modell scheint daraus abgeleitet, ist aber durch die Auflösung des letzten Viertels in zwei Achtel fließender, schwebender im Charakter; noch eine weitere rhythmische Stauung, die der Mittelstimmen in Nr. 2 (), entfällt hier. Die melodische Fortspinnung erfolgt ungehindert, aber nur so frei, wie es die Periodizität des Stückes und die Wiederholung seiner beiden Teile zulassen.

Für denjenigen, der das Unterschwellige des gis-Moll-Walzers (als Antwort auf Nr. 2) nicht überhört hat, kommt der eruptive Ausbruch in der e-Moll-Komposition (Nr. 4) nicht unvorbereitet und bedeutet dieses stauungserfüllte, leidenschaftliche Stück mit seinen bizarren melodischen Konturen mehr als nur eine Nachahmung ungarischer Tanzelemente. Es ist, als ob der Komponist mit einer kraftvollen Bewegung die Walzerseligkeit von Nr. 2 und die Melancholie von Nr. 3 hinwegfegte. Motivisch ist Nr. 4 mit den vorangehenden Stücken eng verbunden:

Nr. 2 Nr. 3 Nr. 4

[17] G. Ernests (1930) Meinung, dieses Stück sei *„ganz aus dem Geist des alten Ländlers erfunden"* (S. 189), ist wohl kaum zuzustimmen.

[18] W. Murdoch (1933, S. 249) spricht von *„its frail sadness and wistfulness"*.

So bilden die Kompositionen Nr. 2—4 trotz ihrer äußeren Gegensätzlichkeit eine logische innere Einheit, die in einer geistvollen motivisch-rhythmischen Verknüpfung ihren äußeren Ausdruck findet.

Formal schließt sich der e-Moll-Walzer in manchen Punkten an das Eröffnungsstück des Zyklus an und führt die dort bestimmenden Gestaltungsprinzipien noch ein Stück weiter. So erinnert zunächst die Großform, zumindest äußerlich, an die von Nr. 1: achttaktiger periodischer erster Teil mit verschieden gestaltetem Vorder- und Nachsatz, achttaktiger Zwischensatz, der mit der nachfolgenden „Reprise" den zweiten Teil bildet. Wieder beginnt das Stück mit einer schwungvollen Auftaktgruppe, mit einer Art Schleuderbewegung, aus der heraus ein sprunghaftes Hauptmotiv, diesmal nach oben gerichtet, erklingt. Wieder entsteht die „Reprise" aus einer sich über mehrere Takte erstreckenden kreisenden melodischen Bewegung. Und doch sind die Abweichungen gegenüber Nr. 1 beträchtlich. Sie zielen ungehemmter als die Entwicklung dort auf eine Überwindung der periodizierten Form. Zunächst werden zwei auftaktige Motive (a und b) zu einer Zweitaktgruppe zusammengefügt, wobei der Schwerpunkt auf die erste Zählzeit des jeweils zweiten Taktes fällt[19]; der zweite Ansatz sequenziert diese Zweitaktgruppe in die große Unterterz. Bereits im Nachsatz der ersten Periode (Takte 5—8) jedoch wird diese Gruppierung negiert: Der Auftakt des zweiten und die Endung des ersten Motivs werden verselbständigt (c), mehrfach aneinandergereiht und nach oben sequenziert, bis sie in Takt 8 mit der variativ gedehnten Endung des zweiten Motivs (b) einen kadenziellen Abschluß erfahren:

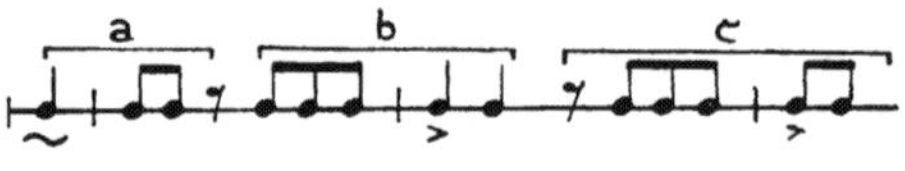

Die kleinformale Struktur lautet in den Takten 1—8: |: a b a b a c c b' :|. Die c-Form wirkt dabei wie eine Art Interpolation der a b-Folge, und die metrischen Hauptakzente verteilen sich unregelmäßig auf den zweiten, vierten und achten Takt. Wie in Nr. 1 sind Vorder- und Nachsatz disproportioniert; die hier und dort angewandten Mittel sind jedoch, wie wir sahen, verschieden. Auch kommt es am Ende des ersten Teils in Nr. 4 zu einer kadenziellen Lösung mit Neuansatz. Die erste Periode des zweiten Teils (Takte 9—16) greift die rhythmische Figur c aus dem ersten Nachsatz in melodischer Umkehrung auf und erhebt damit dieses c-Motiv, das im ersten Teil lediglich als ein fortspinnungshafter Einschub fungierte, nachträglich zu einem Hauptmotiv des ganzen Stückes. Nach vier Takten (Takte 13 ff.) verdichtet sich diese Figur noch: Die Achtelpause wird ausgefüllt; die metrischen Akzente werden erneut verschoben:

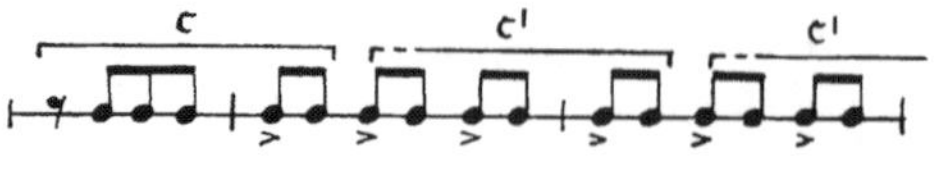

[19] Diese Betonungsverhältnisse dürften von der ungarischen Tanzmusik her inspiriert sein.

Die Entwicklung des Mittelteils drängt ungestüm zum Einsatz der Reprise und damit zur ursprünglichen motivischen Formierung a b zurück. Diese „Wiederholung" des ersten Teils ist jedoch wesentlich mehr als in Nr. 1 verändert und übernimmt in noch stärkerem Maße als dort die Funktion des letzten Teils einer durchgehenden dynamischen Entwicklung. Der zweite Ansatz der Reprise sequenziert das Thema nicht nach unten wie im ersten Teil, sondern in die kleine Oberterz. Der Nachsatz der Reprisenperiode (Takte 21 ff.) ist zunächst wie der des ersten Teils strukturiert, steigert das c-Motiv zu einer Höhepunktsfigur, bringt aber in den Takten 23 ff. die verdichtete rhythmische Form aus dem Mittelteil des Walzers (Takte 13 ff.) als Lösungsfigur, mit der das Stück etwas unwirsch zu Ende geführt wird. Dadurch wird der Nachsatz von vier auf sechs Takte erweitert. Für den zweiten Teil des e-Moll-Walzers ergibt sich somit folgende kleinformale Struktur:

Mittelteil:	Reprise:
‖: a c c c c c′ c′ c′	a′ b a b a c c c′ c′ b′ :‖

Noch stärker als im ersten Teil spürt man hier von den Takten 21/22 ab wie der musikalische Verlauf aus dem periodisierten Ansatz auszubrechen versucht. Im übrigen sollte man nicht die rhythmisch vereinfachendere Veränderung der Auftaktgruppe des a-Motivs in der Reprise übersehen:

1. Teil: 2. Teil:

Es ist, als ob das nun ohnehin nach oben, dem Höhepunkt zustrebende Motiv nach dem gewaltigen Agens des Mittelteils der „Antriebskraft", wie sie vor allem von den ersten beiden Auftaktformen ausging, jetzt nicht mehr bedürfte.

Die Materialgestaltung in Nr. 4 hebt diese Komposition weit über die übliche Klaviertanzliteratur hinaus. Das Problem der Wiederholung des zweiten Teils stellt sich hier wie in Nr. 1, obwohl die Verkettung der beiden Teile in Nr. 4 auf Grund der kadenziellen Rundung am Ende des ersten Teils nicht ganz so zwingend ist wie dort. Dieser die Entwicklung kurz unterbrechende Einschnitt sowie die Wiederholung des zweiten Teils selbst bilden das spielerische Gegengewicht zu der um ein Vielfaches stärkeren, auf eine Entwicklung hin zielenden variativen Technik im einzelnen.

Dem dynamischen Ausbruch folgt mit Nr. 5 (E-Dur) ein Piano-Grazioso. Es ist eine Bearbeitung des Brahmsschen Vokalquartetts mit Klavier op. 31,3 *Der Gang zum Liebchen* (*„Es glänzt der Mond nieder"*), das 1864 erstmals erschien (GA, Bd. XX, S. 32). Dieses Quartett steht einen halben Ton tiefer, in Es-Dur[20]. Die zweistrophige Komposition mit dem instrumentalen Vorspiel und der instrumental-vokalen Coda ist ein anspruchsloses Stück Gebrauchsmusik über einen volksliedhaften böhmischen Text. Ihre Melodie (in der Ober-

[20] Die Transposition erfolgt wohl mit Rücksicht auf die tonartliche Gesamtplanung des Walzerzyklus.

stimme) wechselt in der Klavier-Walzer-Fassung zwischen Mittel- und Oberstimme (sie liegt in der zweihändigen Version in der rechten Hand, in der vierhändigen im Primo); auch Harmonik und Satzstruktur sind ziemlich unversehrt übernommen. Der Walzer umfaßt aber nur den reinen Chorsatz; einige Teile der freien Klavierbegleitung sind lediglich in die vierhändige Version eingearbeitet, die sich somit durch einen etwas anderen Begleitrhythmus von der zweihändigen unterscheidet. Diese erhält dadurch einen mehr schreitenden als walzerschwingenden Rhythmus und wirkt gegenüber der vierhändigen etwas karg; man merkt ihr die Bearbeitung an. So entfällt z. B. in den Takten 1—4 der für zahlreiche Brahms-Walzer so typische Orgelpunkt (s. auch S. 56, 59 f., 62), der in diesem Fall wohl nur in der vierhändigen Fassung unterzubringen war.

Beachtlich ist die relativ starke Verselbständigung der einzelnen Stimmen innerhalb der an sich homophon ausgerichteten Klavierfassung. Durch die erwähnte Verlagerung der Melodiestimme wird aus dem streng akkordischen Chorsatz mit Oberstimmenmelodik ein nahezu kontrapunktisches Liniengeflecht, ohne daß eigentlich neue Melodiezüge hinzukommen. So wandert z. B. die Melodie in der zweihändigen Fassung aus der zweithöchsten (Takte 1—2) in die höchste Stimme (Takte 3—4) und dann wieder zurück (Takte 4—8). Der Wechsel geschieht jedoch so unauffällig, daß beide Oberstimmen in den ersten acht Takten für sich genommen jeweils einen eigenen, ungebrochenen Melodiezug bilden, dessen Selbständigkeit durch die Sextenparallelführungen der Unterstimmen noch verstärkt wird. Entsprechend ist der zweite Teil des Walzers angelegt — im ganzen also eine recht feinsinnige, relativ kunstvolle und ob der kontrapunktischen Aktivierung typisch Brahmssche Bearbeitung.

Die Liedvorlage bedingt eine andere Formvoraussetzung. Eine (wiederholte) achttaktige Periode bildet den ersten Teil. Der zweite besteht aus einem mittelteilartigen Viertakter, einer Wiederholung des ersten viertaktigen Vordersatzes und einem zu sechs Takten erweiterten neuen Nachsatz. Eigenartig ist die formale Unbestimmtheit bzw. Doppeldeutigkeit des zweiten Teils: Die Oberstimmen gehen zwar nach vier Takten reprisenartig auf den Anfang des Walzers zurück (Takte 13 ff.), und auch die Begleitfigur in der rechten Hand des Secondo in der vierhändigen Fassung übernimmt wieder die rhythmische Version des Anfangs, der Baß jedoch verharrt weiterhin auf dem in Takt 9 angeschlagenen Orgelpunkt und bindet somit die Takte 13—16 eng an die Takte 9—12. Mit anderen Worten: Die Viertaktperiode, Takte 13—16, die äußerlich als Vordersatz einer Reprise auftritt, übt gleichzeitig die Funktion eines Nachsatzes der in Takt 9 beginnenden Mittelteilperiode aus. Daß dies wirklich so gemeint ist, ergibt sich aus den sechs Abschlußtakten (Takte 17 ff.), die praktisch einen dritten codaartigen Teil bilden und mit ihrer anfänglichen melodischen und metrischen Stauung (Takte 17—18) sowie mit ihrer melodischen und harmonischen Rückrundung weit stärker auf die in Takt 9 beginnende Entwicklung als auf den ersten Teil bezogen sind; also auch formal eine äußerst tiefsinnige, vom bekannten Formschema A A B A B A wegdrängende Gestaltung.

Der oben erwähnte melodische Kontrapunkt erfährt noch eine Ergänzung durch die laufend wechselnde kontrapunktische Kombination von drei, in der vierhändigen Fassung sogar von vier rhythmischen Motiven. Im Gegensatz zu manchen anderen Kompositionen des Zyklus treten diese drei bzw. vier Spielarten des Dreierrhythmus hier nicht nacheinander, sondern gleichzeitig zueinander in Beziehung; sie haben eine kontrapunktische, vertikal bezogene und keine dynamische, entwicklungstechnische Funktion. Der epische Charakter des Stückes resultiert nicht zuletzt aus dieser Disposition.

Das folgende Stück, Nr. 6 (Cis-Dur), hebt sich, seinem Ausdruck und seiner Technik nach, als eine Art Intermezzo aus dem zyklischen Gesamtverband heraus. Es ist eine relativ virtuose Komposition, die etwas an Chopin, Liszt oder auch in manchen Punkten an Schumann erinnert. Im Vivace huschen die leggiero-Figuren vorüber. Der Walzercharakter ist sekundär, sein Rhythmus wird in den ersten beiden Takten der Hauptperiode sogar direkt negiert: Hier entsteht eine reizvolle Wechselwirkung zwischen realen rhythmisch-motivischen Zweiviertelgruppen und latenter, erst im jeweils dritten Takt offen zutage tretender Dreiviertelmetrik (vgl. auch Nr. 1, Takte 9 ff.; Nr. 7, Takte 26 ff.). Die Fortspinnungsmelodik auf der Basis einer durchlaufenden Achtelbewegung weitet die Großform A A B A' B A': Der B-Teil ist von acht auf zwölf Takte gedehnt (Takte 9–16); die Reprise (Takte 25 ff.) wiederholt den Vordersatz der ersten Periode genau, erweitert aber deren Nachsatz auf zehn (in der vierhändigen Fassung) bzw. elf Takte (in der zweihändigen) — ein reines Spiel der Achtelfiguren, das die Wiederholung der beiden Teile zwanglos in sich einbegreift.

Die leichtfüßige Komposition bildet natürlich eine reizvolle Abwechslung inmitten der überwiegend getragenen, pianistisch anspruchsloseren Walzer. Und doch wirkt sie wie eine Art Fremdkörper — eine reine Verbeugung des Komponisten vor seinen virtuosen Vorgängern oder Zeitgenossen? Oder sollte das Stück vielleicht von dem Text des Gesangsquartetts beeinflußt sein, das dem vorangehenden 5. Walzer zugrunde liegt und dessen zweite Strophe lautet:

„Es geht der Mond unter, ich eilte doch munter
und eilte, daß keiner mein Liebchen entführt.
Ihr Täubchen, o girret, ihr Lüftchen, o schwirret,
daß keiner mein Liebchen entführt."

Mit den Stücken Nr. 7 (cis-Moll) und Nr. 8 (B-Dur) kehrt Brahms wieder zu einem etwas verhalteneren Ton zurück, der in seinen Bewegungselementen dem Ländler nahesteht. Dies trifft vor allem für die mit „Poco più Andante" überschriebene Nr. 7 zu, während über das intendierte Tempo von Nr. 8 Zweifel entstehen können[21]. Auf alle Fälle sind wieder beide Walzer bewußt aufeinander bezogen, was sich vor allem in der gleichartigen Motivik und — wenigstens in der vierhändigen Fassung — in der übereinstimmenden Begleitfigur zeigt. Das Cis-Dur am Ende von Nr. 7 läßt sich enharmonisch nach Des umdeuten, womit der Einsatz von Nr. 8 in B-Dur, einem bisher noch nicht berührten Tonartenbereich, logisch wird. Beide Stücke weisen eine relativ freie Formbehandlung auf. Nr. 7 ist bimotivisch, Nr. 8 monomotivisch, wobei das a-Motiv aus Nr. 7 in Nr. 8 übernommen wird. Die Disposition der rhythmischen Motive in Nr. 7 (Takte 1–8) ist folgende:

[21] Es dürfte ein nicht wesentlich schnelleres Tempo als in Nr. 7 beabsichtigt sein.

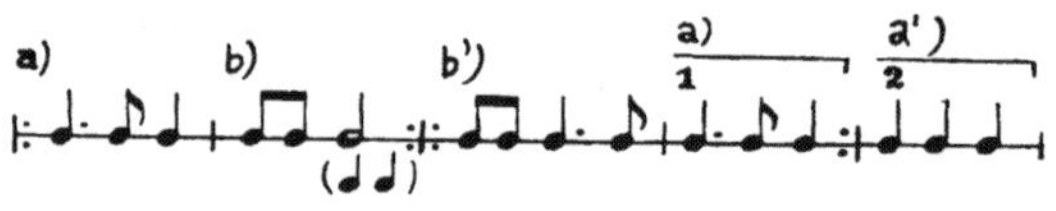

Der Nachsatz der ersten achttaktigen Periode (Teil 1) kehrt die Motivfolge des Vordersatzes um; das b-Motiv erscheint in einer etwas abgeänderten, auf die Viertelpunktierung von a sinnvoll Bezug nehmenden Form; darin liegen Entwicklung und Symmetrie zugleich. Das Kommende kündigt sich an. Die Wiederholung des ersten Teils moduliert nach der parallelen Durtonart. Der zweite Teil (Takte 9 ff.) beginnt mit einem zweimal sechstaktigen Abschnitt, der bis auf den Anfangstakt ausschließlich das b'-Motiv durchführt. Hier herrscht ein ganz deutlicher Entwicklungszug mit stark modulatorischer Klangfärbung über zwei Orgelpunkte (auf E und Cis). Der ganze „Mittelteil" (Takte 9—20) wirkt wie eine Negation des gemütlichen Ländlergeistes, den Brahms im ersten Teil dieses Stückes zitiert; das dort aufstrebende b-Motiv wird hier, teilweise chromatisch, abwärtsgeführt. Mit Takt 21 müßte normalerweise die Reprise des ersten Teils beginnen. Die rhythmische und melodische Motivfolge ist auch mit der des Vordersatzes aus Teil 1 nahezu kongruent, nicht jedoch die Harmonik (u. a. Beginn in A-Dur anstatt in cis-Moll). Die sich nach der Gestaltung des „Mittelteils" ergebende Konsequenz für die „Reprise" ist in diesem Stück deutlich gezogen. Nach der Negation der ersten Achttaktperiode in den Takten 9—20 folgt nunmehr eine zweite, noch deutlichere, weil direkt auf den Anfang Bezug nehmende Absage an den ersten Teil: An die Stelle eines regelmäßig gebauten, abrundenden Nachsatzes (Takte 25 ff.) tritt jene freie Fortführung der harmonischen und melodischen Entwicklung, die so zwingend ihrem Höhepunkt entgegengeführt wird, daß es zu einer rhythmischen Dehnung in Verbindung mit einer Zweiviertelbetonung und somit zu einer spannungsvollen, momentanen Störung des Walzerrhythmus kommt; eine geradezu gewaltsame, überdrüssige Auflösung aller Reprisenansätze.

Takte 25—28: 

Was nach dieser Entwicklung, nach diesem Bruch mit dem üblichen Walzergeschehen ab Takt 29 folgt, kann nur noch Coda sein, Anhang in dem entsprechenden ästhetischen Sinne, in dem der Begriff Reprise hier gebraucht wurde. Wie ein wehmütiger Nachklang aus einer heilen, ungebrochenen Welt erklingen über einem achttaktigen Orgelpunkt beide Motive in hellem Dur, durch verschiedene Stimmen wandernd, sich selbst bestätigend. Die Wiederholung des zweiten Teils entbehrt jeder innermusikalischen Logik.

Es ist eine sehr reife Komposition, ein Höhepunkt des Zyklus. Die Aussagekraft oder besser der Aussagezwang dieser Musik rührt her von der hierin vollzogenen Auseinandersetzung mit der Welt des Wiener Walzers, der der Komponist mit einer gewissen historischen, menschlichen und wohl auch weltanschaulichen Distanz gegenübertritt. Das

Wechselspiel zwischen Symmetrie, Wiederholung und Entwicklung spiegelt auf rein musikalischer Ebene diese geistige Auseinandersetzung wider[22]. Da sie — wie im übrigen auch in den anderen Walzern dieses Zyklus — auf engstem Raum geschieht, besteht die Gefahr, daß sie überhört wird, zumal Brahms das Seine dazu beiträgt (z. B. durch die vorgeschriebene Wiederholung des zweiten Walzerteils), daß diese kleinen Stücke wenigstens äußerlich im „Zustande der Unschuld" verbleiben.

Als ob sich der Komponist aber doch seiner für einen Walzerzyklus allzu tiefsinnigen Haltung bewußt geworden wäre, schreibt er mit Nr. 8 gleichsam einen „heiteren Anhang" zu Nr. 7. Nur in diesem übertragenen Sinne verhalten sich beide Kompositionen wie Vor- und Nachtanz. Nr. 8 wirkt wie eine Fortführung des vorangehenden Stückes, jedoch nicht im Sinne einer zwingenden inneren Weiterentwicklung, sondern mehr im Sinne von „Es war ja gar nicht so ernst gemeint". Somit handelt es sich auch rein musikalisch mehr um eine freie, ungezwungene Fortspinnung, um eine spielerische Durchführung des a-Motivs aus Nr. 7, das dort hinter dem b-Motiv etwas zurücktrat. Das musikalische Geschehen ist weitgehend unproblematisch. Erst die Befriedung in der Coda von Nr. 7 schuf die Voraussetzungen für das B-Dur-Stück: Die Harmonien und Modulationen sind einfacher, dreiklangsmäßiger, weniger drängend; die Farben sind eindeutiger. Der zweite Teil beginnt in Des-Dur und kehrt damit nachträglich noch einmal die Verwandtschaft mit dem Cis-Dur-Schluß von Nr. 7 hervor.

Ein die Walzer Nr. 7 und 8 weiterhin verbindendes Moment, die gleiche Begleitfigur, entfällt in der zweihändigen Fassung; hier steht in Nr. 8  anstatt  . Anscheinend war Brahms auf eine Abwechslung bedacht. Der etwas stockende oder auch hüpfende Rhythmus der neuen Begleitfigur verbindet sich jedoch nicht sehr vorteilhaft mit der „dolce — sotto voce"-Intention des Stückes und dem wiegenden Rhythmus der Oberstimmen.

Formal ist der Walzer Nr. 8 hochinteressant. Während bei vielen Stücken des Zyklus die Periodenbildung entwicklungsdynamisch überspielt wird, geschieht hier gleichsam etwas Umgekehrtes: die abschnittsweise Gliederung einer ständig modulierenden Melodie mit starkem Fortspinnungscharakter, die aus der Aneinanderreihung verschiedener melodischer Formen eines eintaktigen rhythmischen Modells entsteht. Die Gliederung besteht darin, daß jeweils eine konstante sechstaktige melodische Motivkombination mit einem etwas freieren zwei- bis sechstaktigen Anhang zusammentritt (die kleinen Buchstaben bedeuten im folgenden ausnahmsweise melodische und nicht rhythmische Motive):

Takte 1—12: a a b c b c c a' b a' d

Takte 13—20: a a b c b c c a

Takte 21—30: a a b c b c a a d

[22] In dieser Hinsicht bekommt auch die Übereinstimmung des rhythmischen a-Motivs mit dem Modell des Walzers Nr. 2 einen tieferen Sinn (vgl. die Ausführungen über den Charakter dieses Stückes auf S. 51).

Rhythmus und Modulation sind die vorantreibenden, fortspinnungshaften Elemente; mit ihnen werden auch die Neuansätze der Motivkombinationen in den Takten 13 und 21 überspielt. Die melodische Konstante schafft den Ausgleich, den Brahms benötigt, um sich nicht „ins Unendliche" zu verlieren. Die in dieser Komposition durchaus logische Wiederholung des zweiten Teils dient der vermehrten fortspinnungshaften Reihung. Die Wiederholung ist also hier nicht äußerlich angesetzt, sondern von vornherein mit einkomponiert; aus der „Not" der traditionellen Form ist eine „Tugend" gemacht. Der gesamte Verlauf des Stückes wirkt somit nicht energetisch, sondern gelöst, ungehindert, ziellos und ist primär tänzerisch.

Der versöhnliche Ton von Nr. 8 wird in dem Walzer Nr. 9 (d-Moll) noch ostentativer auskomponiert; der noch etwas drängende Charakter dort weicht hier einem friedlichen Walzerschwingen, die stockende Begleitfigur der zweihändigen Version einem gerundeten Ineinandergreifen von Begleitung und Oberstimmenmotiv. Schon MURDOCH (1933, S. 249) wies auf die ganz ähnliche rhythmisch-motivische Konzeption im Abschlußstück der Schumannschen *Davidsbündler*, op. 6, (1837) hin (s. auch S. 45). Die Übereinstimmungen reichen bis zu der vorübergehenden (bei Brahms „kanonischen") Zweistimmigkeit in den Oberstimmen. Wenn auch der Brahms-Walzer den klanglichen Schmelz und die Jugendfrische des Schumannschen Stückes nicht ganz erreicht, so entwickelt er doch einen bei Brahms nur selten anzutreffenden hohen Grad an Gelöstheit und unschuldiger Poesie, auf die das Schumannsche Motto *„dabei sprach aber viel Seligkeit aus seinen* [Eusebius'] *Augen"* in gleicher Weise zuträfe.

Durchgeführt wird wieder nur ein rhythmisches Motiv, das zudem eine konstant abwärtsgerichtete melodische Bewegung aufweist. Die dabei entstehenden Intervalle (von der kleinen Sekunde bis zur kleinen Septime) sind weitgehend harmonisch bedingt und entwicklungsdynamisch belanglos. Die Struktur des Stückes entsteht allein auf harmonischer Ebene. „Hauptereignis" ist das Schillern des harmonischen Wechsels. Der achttaktige erste Teil bewegt sich im d-, g- und D-Bereich unter Verwendung von verminderten Septakkord-Harmonien. Der zweite sechzehntaktige Teil moduliert mit Hilfe von Dominantseptakkorden nach Es-, D-, F- und A-Dur; er ist zwar periodisch (zweimal acht Takte) gegliedert, enthält aber keine „Reprise"; seine Wiederholung stellt kein Problem dar, zumal die fünftaktige Schlußkadenz unterschiedlich gestaltet ist.

Nr. 9 beginnt in d-Moll und schließt in A-Dur. Es ist das einzige Stück des Zyklus, bei dem Anfang und Ende tonartlich differieren. Der Grund für den A-Dur-Schluß ist leicht zu finden: Hier erfolgt die Rückmodulation des Zyklus aus dem B- in den Kreuztonartenbereich. Das Stück ist offen zum folgenden Walzer, Nr. 10 (G-Dur), denn dieser beginnt ebenfalls dominantisch (in D), allerdings infolge von Wechselharmonien und Durchgangsnoten sehr unbestimmt. Seine Grundtonart (G-Dur) klingt selbst nur an ganz wenigen Stellen an (Takte 5 und 7) und dann durch Septimen- und Nonenbildungen sowie harmoniefremde Töne auch nur verschleiert. Aus D^7 moduliert das Stück im zweiten Teil nach H, h, D, C, D und endlich eindeutig nach G, im ganzen also eine bewußt indifferente tonale Anlage. Die folgende Komposition schließt sich dann in h-Moll, der eigentlichen Zieltonart der ganzen Entwicklung, an. Schon aus der harmonischen Disposition ergibt sich der Überleitungscharakter des 10. Walzers. Die formalen, melodischen und rhythmischen Mittel sind relativ bescheiden. Jeder Teil besteht aus einer achttaktigen Periode mit demselben motivischen Material in nur wenig veränderter Formierung:

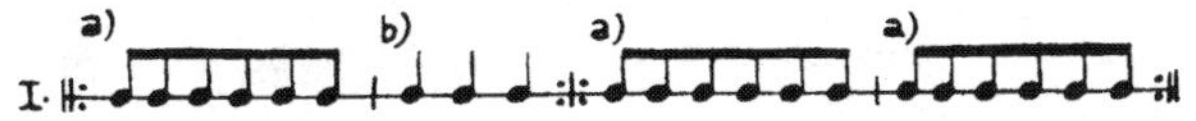

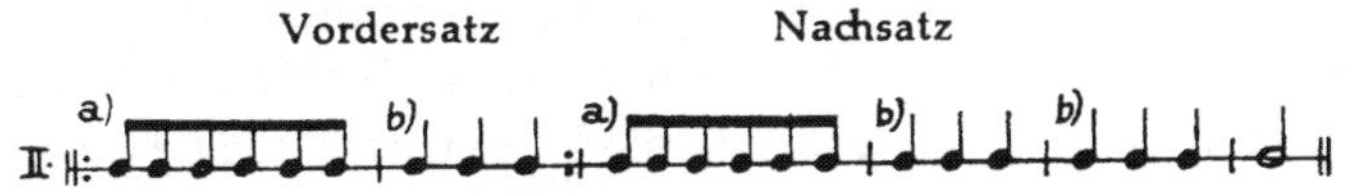

Die Doppelmotivik, bis auf den Nachsatz des ersten Teils in stereotyper Kombination, wird in diesem Stück nicht ausgenutzt; man beachte das spielerische „Abschnurren" der Achtelkette in den Takten 5–8. Ein direktes Vorbild für diese Komposition finden wir in Nr. 12 des op. 33 von Franz Schubert, einem melodisch, rhythmisch und formal ganz ähnlich gestalteten „Deutschen Tanz". Brahms benutzt diesen bescheidenen Ländlertypus innerhalb seines Zyklus als Kontrast zu den charakterlich und genetisch anderen Walzertypen.

Die Verbindung von Nr. 9 und Nr. 10 geschah mit harmonischen Mitteln. Der Walzer Nr. 11 (h-Moll) knüpft wiederum motivisch an seinen Vorgänger an:

Nr. 10: 

Nr. 11: 

Nach dem „Deutschen Tanz" nun ein Stück in einem ungarischen Ton (vgl. Rhythmik, Vorschläge und Schlußklausel des ersten Teils). Es ist wieder etwas umfangreicher; der erste Teil besteht aus einer sechzehntaktigen Periode, der zweite aus einem achttaktigen Mittelteil und einer etwas variierten Wiederholung des ersten Teils. Thematisch liegt dem Walzer ein Zweitakter, bestehend aus zwei rhythmischen Modellen (a und b), zugrunde, dessen verschiedene Formen im ersten Teil periodisch aneinandergereiht werden; dabei wird vor allem das rhythmische b-Modell melodisch variiert. Der Mittelteil beginnt ebenso; erst in seinem Nachsatz kommt das rhythmische b-Motiv allein zur Anwendung, und zwar in einer melodisch stark veränderten, mit Chromatik durchsetzten Form. Der ganze Mittelteil spielt sich über einem Orgelpunkt ab und erhält auch dadurch einen etwas statischen und zugleich auslösenden Zug; er bereitet den Einsatz der Reprise in Takt 25 spannungsvoll vor. Darüber hinaus spiegeln diese acht Takte (Takte 17–24) in geraffter Form das musikalische Geschehen des ersten Teils (Takte 1–16) wider: Das dreitaktige Festhalten am Grundton H in den Takten 1–3 (ein übrigens sehr häufig verwendetes

Mittel in dem Walzer-Zyklus; s. Nr. 1, 5, 7, 8, 10, 12, 14, 15) ist hier zu einem längeren Orgelpunkt ausgedehnt; die Periodizität der ersten acht Takte des Walzers findet in den Takten 17—20 ihre komprimierte Entsprechung; die im Baß und in der Oberstimme diatonisch herabgleitende melodische Linie in den Takten 9—16 ist ab Takt 21 in mehreren Stimmen krisenhaft chromatisch intensiviert. Unter diesen Gesichtspunkten kann man auch den Mittelteil als eine Art Durchführung der ersten sechzehntaktigen Periode betrachten. Die Veränderungen des Reprisenteils (Takte 25 ff.) basieren auf dem vorangehenden musikalischen Geschehen: Er setzt mit befreiender Wirkung in H-Dur anstatt in h-Moll ein und bewegt sich über gis-Moll wieder nach H-Dur (anstatt h-, cis- und fis-Moll im ersten Teil). Sein Nachsatz (Takte 33 ff.) wird im Gegensatz zu dem des ersten Teils vom a-Motiv allein bestritten, das durch die synkopierenden Überhänge eine kleine Abänderung erfährt. Man beachte aber, daß diese Überbindungen bereits im ersten Teil an gleicher Stelle, hier noch zusammen mit einer Form des b-Motivs, stehen. So wirkt die ganze Reprise wie eine nach dem achttaktigen Geschehen des Mittelteils von aller Last entbundene Wiederholung des ersten Teils.

Es ist erstaunlich, welch feine innere Bezüge in diese wenigen Takte Musik eingearbeitet sind, in ein Stück, das sich äußerlich so konventionell und anspruchslos gibt. Trotz der aufgezeigten Entwicklungstendenz innerhalb der Komposition stört die Wiederholung des zweiten Teils kaum. Das mag zum einen an der formelhaften Motivkombination liegen; zum anderen bedarf die gegenüber den übrigen Teilen proportional etwas kurze achttaktige Durchführungsperiode und die daraus folgende gesamte Entwicklung des zweiten Teils wirklich einer erneuten Bestätigung durch die Wiederholung. Daraus ersehen wir, wie vielfältig die Bezüge zwischen „Form und Inhalt" auch in solch relativ kleinen Stücken sein können, wie einzig das Material und seine Gestaltung für das Gelingen einer Formvorstellung entscheidend ist.

Die synkopierte Rhythmik in den letzten Takten von Nr. 11 wird in dem dritten E-Dur-Walzer (Nr. 12) des Zyklus aufgegriffen (Takte 4 ff.; das rhythmische Modell a stimmt mit dem von Nr. 9 überein). Diese Komposition hat die gleiche Großform wie die vorangehende, nur der Einsatz der motivischen Mittel und die Proportionen der einzelnen Abschnitte sind anders. Die zwölftaktige Periode des ersten Teils besteht aus einem viertaktigen Vordersatz (Motiv a und b) und einem achttaktigen Nachsatz, der zunächst (Takte 4—6) das a-Motiv in mehreren Stimmen, schon etwas verändert, und dann noch zugleich das variierte b-Motiv fortspinnungsartig durchführt; ein ganz anderes Bildungsprinzip also als in den übrigen bi- oder gar monothematischen Stücken in gleicher Großform. Der zweite Teil beginnt mit einem achttaktigen Zwischensatz unter Verwendung des in Moll erscheinenden a-Motivs. Die „Reprise" setzt in Takt 21 nahezu unmerklich ein, da sie melodisch und harmonisch in die Durchführungsentwicklung vollständig integriert ist, obwohl das b-Motiv (Takte 22—24) in seiner ursprünglichen melodischen und rhythmischen Gestalt wieder erscheint; erst mit ihrem Nachsatz (Takte 25 ff.) stellt sich die Reprisenwirkung vollends ein, zugleich aber wird auch in ihm nur die Entwicklung unmittelbar weitergeführt, die zu Beginn des zweiten Teils einsetzte. Diese Entwicklung unterscheidet sich von der in den meisten anderen Stücken des Zyklus: Sie ist fortspinnungshaft, lyrisch, weniger zwingend, geradezu fantasieartig, angetrieben vor allem durch das harmonisch-modulatorische Agens, die Aneinanderreihung von Dominant-Tonika-Folgen und Vorhaltswirkungen. Die Melodik entwickelt selbst so gut wie keine antreibende Kraft. Die modulatorische Fortschreitung in den Takten 24/25 wirkt recht gewaltsam. Überhaupt verblaßt das ganze Stück etwas gegenüber den anderen; es ist eigentlich recht nichtssagend; ihm fehlt der Glanz, der Charme und die Tiefsinnigkeit der übrigen Kompositionen. Das musikalische Geschehen erscheint konstruiert, oberflächlich, die Technik zu leicht durchschaubar (vgl. u. a. Murdoch 1933, S. 250). Der Eigenwert dieser Komposition ist zweifellos gering. Als ein Glied innerhalb des Zyklus erfüllt es die Aufgabe eines Ruhepunktes (im wahrsten Sinne des Wortes), eines Intermezzos.

Der Walzer Nr. 12 ist nicht nur mit dem vorangehenden, sondern auch mit dem folgenden Stück, Nr. 13 (C- bzw. H-Dur), rhythmisch-motivisch verbunden:

Nr. 12:

Nr. 13:

Auch dieses ist keine sehr kunstvolle Arbeit, aber es hat etwas, was der soeben besprochenen Komposition fehlt, einen spezifischen Charakter. Es ist ein überaus vitaler, rustikaler Stampfer mit einer etwas hölzernen, geradezu bizarren melodischen Kontur und Rhythmik. Obwohl periodisch regelmäßig wie kein anderes Stück des Zyklus gebaut, erweckt es jeweils am Ende seiner Viertaktgruppen durch die Betonungsfolge und die unterschiedlichen Notenwerte seiner beiden Zweitaktmotive sowie durch den Wechsel von Volltaktigkeit (Takte 2 und 3) und Auftaktigkeit (Takt 1 und vor allem Takte 4/5) den Anschein einer metrischen Unregelmäßigkeit. Das Stück besteht aus einer mehrfach auf eine andere Tonstufe versetzte, melodisch nur leicht variierte Viertaktgruppe, die jeweils Vorder- und Nachsatz der beiden Achttaktperioden bildet und harmonisch jedesmal etwas anders verläuft:

Takte 1– 4:	C-F-C-G	(H-E-H-Fis)
Takte 5– 8:	a-e-G-G	(gis-dis-Fis-Fis)
Takte 17–20 (bzw. 9–12):	G-Es-Es-B	(Fis-D-D-A)
Takte 21–24 (bzw. 13–16):	B-G-C-C	(A-Fis-H-H)

Die etwas abrupte, unregelmäßige Modulation, die den Eindruck einer horizontalen Klangschichtung erweckt, verstärkt den gestelzten, rohen Zug der Komposition. Alles ist hier einfach, überschaubar, vordergründig, bewußt volkstümlich; alles steht im Gegensatz zu dem „dolce"-Charme des Wiener Walzers. Auch dieses Stück hat eine Kontrastfunktion innerhalb des Zyklus. Seine rhythmisch-motivische Verwandtschaft mit dem Walzer Nr. 1, der übrigens auch in H-Dur steht, tritt aufgrund der verschiedenartigen Gestaltung in beiden Stücken kaum in Erscheinung. Deutlich vernehmbar dagegen ist die Verbindung zur folgenden Komposition (Nr. 14), die die rhythmische Betonungsfigur am Ende der Viertaktgruppen von Nr. 13 (Takte 4, 8, 12, 16) unmittelbar aufgreift. Somit erfüllt das H- bzw. C-Dur-Stück eine weitere Funktion: Es ist eine Art Überleitungsmusik zu dem Tanzstück Nr. 14 (a- bzw. gis-Moll), dem klanglichen Höhepunkt des gesamten Zyklus. In dieser Komposition brechen nun die in Nr. 13 angekündigten, aber noch gestauten Energien mit ungehinderter Wildheit und Leidenschaftlichkeit durch; ein wahres Furioso, dem die Nr. 13 wie ein auslösendes Präludium vorangestellt ist. Der ungarisch gefärbte Tanz hat wieder die bekannte Form ı : A : ı : B A′ : ı. Bis auf die kadenzielle Modulation in den letzten Takten und einige geringfügige Klangveränderungen deckt sich die Reprise (Takte 25 ff., in der vierhändigen Fassung Takt 37) mit dem ersten Teil. Dieser ist ein Zwölftakter mit folgendem motivisch-rhythmischen Aufbau:

T. 1ff:

Thematisch handelt es sich um drei Zwei- bzw. Viertaktkombinationen: a b, a c und d d d d. In dem ebenfalls zwölftaktigen Mittelteil erfolgt wieder die bekannte Motivabspaltung:

T. 13ff:

Die Durchführung der Motive b und d geschieht auf der Grundlage einer Modulation nach F (e!), Des (C) und As (G) (Orgelpunkt!) und wieder nach a (gis) (in der vierhändigen Fassung mit einfacher Dominante, in der zweihändigen mit einem Dominantseptakkord). Die dynamische Entwicklung vollzieht sich vor allem in der rhythmischen Rückkonzentrierung des d′-Motivs nach d und dann auf eine metrisch weiterhin gestraffte Form d″, die als Zweiviertelgruppierung gleichsam aus dem Dreiermetrum ausschert (unmittelbar vor dem kadenziellen Lauf). Der Mittelteil (nach dem Doppelstrich bis zur Reprise) hat Episodencharakter, weniger auf Grund seines Materials selbst als auf Grund der Verarbeitung desselben. Das Geniale an dieser Konstruktion ist, wie Brahms in den ersten vier Takten (Takte 13—16; in der vierhändigen Version Takte 25—28) auf die eigentliche Episode (Takte 17—20 bzw. 29—32) hinleitet und mit den sich anschließenden (Takte 21—24 bzw. 33—36) wieder von ihr wegführt, oder besser, sie geradezu unwirsch abbricht. In den Takten 17—20 (bzw. 29—32) weicht das wilde ungarische Temperament für einen Augenblick dem Wiener Walzermilieu (Legato anstatt Staccato, harmonischer Stillstand, in der zweihändigen Fassung „dolce"). Es ist wie ein kurzes Einblenden einer anderen Sphäre, die dann wieder sehr schnell und ziemlich energisch verdrängt wird. Ihren tieferen Sinn erhalten diese Takte erst im folgenden 15. Stück, das in dieser Sphäre ganz beheimatet ist; äußeres Zeichen für diese sinnreiche Beziehung ist die Verwandtschaft des rhythmischen Motivs d′ mit dem Hauptmotiv (a) von Nr. 15.

Jede Wiederholung des zweiten Teils von Nr. 14 muß den großartigen, intelligenten A B A — Ablauf der Komposition empfindlich stören, und zwar diesmal aus einem ganz anderen Grund als in den übrigen vergleichbaren Stücken des Zyklus. Die Wirkung, die einmal von diesem Mittelteil in Verbindung mit den Rahmenteilen ausgeht, läßt sich nicht wiederholen. Das Hintergründige dieser Musik und der sich daraus ergebenden formalen Disposition, das sich u. a. in der häufig über Nebenstufen sich bewegenden schillernden Harmonik ausdrückt[23], wird, wenn das Geschehen noch einmal abläuft, ins unverbindlich Spielerische versetzt, für Hanslick zum *„leidenschaftlichen Geflatter des Cymbals"* (Kalbeck 3/1921, S. 194). Es gibt Gestaltungen, die durch eine Wiederholung ihren Sinn verlieren. Brahms hielt sich aber auch hier an die Konvention; wenigstens äußerlich sollten es einfache „unschuldige Walzer" bleiben.

Das „unschuldigste" Stück des Zyklus, Nr. 15 (A- bzw. As-Dur), das sich im Mittelteil der vorangehenden Komposition schon so genial ankündigte, wurde zugleich das populärste und ist — wie könnte es anders sein — auch das unproblematischste der ganzen Reihe. Die Walzersonne Wiens[24], die in Nr. 14 nur auf vier Takte ihr Licht warf, geht hierin strahlend auf. Brahms erweist den Tänzen Schuberts seine innigste Reverenz. Die Musik ist vollkommen eingeglättet in das traditionelle Formschema ǀ : A : ǀ BABA′ ǀ; die Wiederholung von BA im zweiten Teil ist etwas koloriert und daher ausgeschrieben. Sie stört in diesem Stück keineswegs, da die Durchführung im sechstaktigen Mittelteil rein motiv-spielerisches Gepräge hat und keinen Gegensatz, kein „Ereignis" darstellt. „Dolce"-Charakter hat auch die Harmonik; sie bleibt im Grundtonartenbereich und bedient sich modulatorisch fast ausschließlich des weichen Dominantseptakkordes. Die rhythmisch-melodische Disposition verrät die gleiche Ungezwungenheit:

[23] Ob es sich dabei um Einflüsse der ungarischen Volksmusik handelt, ist in diesem Zusammenhang von untergeordneter Bedeutung.

[24] Diese Charakterisierung bezieht sich nur auf die allgemeine Stimmung des Stückes; seinem Tempo nach ist es eher ein Ländlertyp.

Das wiegende Motiv a pflanzt sich wellenförmig ohne größeren Stau jeweils bis zum b-Motiv fort, dem unmittelbar wieder das a-Motiv (sozusagen als „Auftakt" des folgenden Abschnitts) folgt. Die vierhändige Fassung hat zum Teil einfachere Begleitakkorde; dadurch entfällt jedoch hier die in der zweihändigen Version reizvolle, gleichsam zufällige motivische Nachahmung der Oberstimmenintervalle, und die stereotype Begleitung wird zum einfachen „hm ta ta".

Manch anderer Komponist hätte den Walzerzyklus wohl mit dem A-(As-)Dur-Stück abgeschlossen und damit die Reihe, die sich aus so vielfältigen Bildern zusammensetzt, versöhnlich abgerundet. Brahms jedoch fügt noch jenes introvertierte 16. Stück (d-[cis-]Moll) an, mit dem er — gleichsam seiner Gastrolle im Wiener Walzermilieu Ausdruck gebend — zu sich selbst zurückfindet und den ganzen Zyklus innermusikalisch zusammenfaßt. Diese letzte Komposition liefert den direkten Beweis für die Hintergründigkeit in den übrigen Stücken. Sicher spürte Brahms die inneren Widersprüche seiner Musik auch in diesen kleinen Walzerformen, Widersprüche, die er nicht mit Charme zudecken wollte[25]. So überzieht er mit der letzten Komposition den ganzen Reigen rückwirkend noch einmal mit der seiner Musik eigentümlichen Melancholie und nimmt den vorangehenden 15 Stücken einen beträchtlichen Teil ihrer „Unschuld"[26]. Auch dieser Walzer stellt eine Abrundung, eine Schlußlösung dar, jedoch keine aufgesetzte wie es bei dem Stück Nr. 15 der Fall wäre, sondern eine, die der Kunstfertigkeit, den inneren stilistischen und geistigen Bezügen, der Auseinandersetzung mit Inhalt und Form sowie der kompositorischen Gebrochenheit, wie sie den Zyklus als Ganzes prägen, entspricht. Nur so ist das Schlußstück, mit seiner Klangreduzierung (s. vor allem die „glanzlose" Schlußkadenz), seinem doppelten Kontrapunkt, seinen rhythmisch-motivischen Anklängen an Vorangegangenes, seinem ruhigen, den Walzerrhythmus nahezu eliminierenden Schreiten und der verhaltenen Beredsamkeit, zu verstehen, ein Werk, das mehr zusammenfaßt, als es auf den ersten Blick scheint[27], keine liebenswerte, unverbindliche Ergänzung, sondern eher „des Rätsels Lösung".

Bei dieser Komposition handelt es sich um die kontrapunktische Kombination und

[25] M. Kalbeck (3/1921, S. 195) meint, *„der Meister wünscht nicht mit einem Heurigenschenken-Musikanten verwechselt zu werden"*. Nun, diese Verwechslung ist nicht nur auf Grund des Zyklusschlusses unmöglich.

[26] Somit sollte man das Abschlußstück auch in einem recht gehaltenen Zeitmaß spielen, da es sonst in seiner Konzeption und Stellung unverständlich wird.

[27] Dieses Stück als *„ganz aus dem Geist des alten Ländlers"* entstanden zu betrachten (Ernest 1930, S. 189), heißt alle diese Dinge übersehen.

Variation nicht nur dreier verschiedener melodischer Gedanken, sondern auch mehrerer, im Verlauf des Zyklus schon vielfach aufgetretener rhythmischer Motive:

T. 1–8

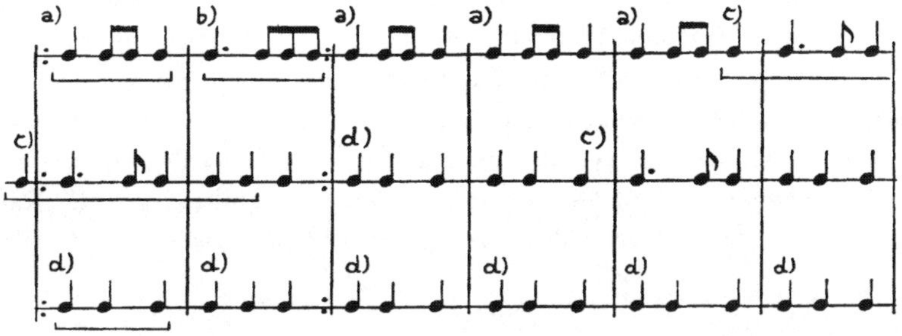

In der „Wiederholung" des ersten Teils (Takte 9 ff.) werden die beiden Oberstimmen vertauscht, im zweiten (wiederholten) Teil (Takte 17 ff.) gleichsam wieder umgedreht. In der zweihändigen Fassung ist leider — wohl aus spieltechnischen Gründen — der in Vierteln gleichmäßig einherschreitende Baß ab Takt 9 bis auf wenige Takte durch die den Walzerrhythmus wieder stärker forcierende Form 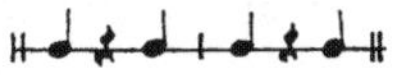 ersetzt. Melodisch bringt die zweite achttaktige Periode (Takte 9 ff.) nichts Neues; erst in der dritten (Takte 17 ff.) ändern sich die melodischen Züge: Die Oberstimme bringt eine Art melodische Umkehrung der Oberstimme der ersten (und der Mittelstimme der zweiten) Periode; auch die Mittelstimme ist eine melodische Variante der entsprechenden Stimmen in der ersten und zweiten Periode. Die Takte 9–16 stehen also zu der ersten Periode in einem kontrapunktisch-variativen, die Takte 17 ff. in einem isorhythmischen, melodisch-variativen Verhältnis.

Was bedeutet dies alles für die Großform des Walzers? Äußerlich handelt es sich um eine einfache achttaktperiodische Dualform, deren erste Periode variativ und deren zweite Periode genau wiederholt werden. Gerade aber die variative Umformung der ersten Periode in den Takten 9–16 (mit dem Stimmentausch) macht diese Takte zu einer Art Mittelteil, denn ab Takt 17 ist die stimmliche Disposition der rhythmischen Motive wieder wie ab Takt 1. Die Reprisenwirkung ab Takt 17 ist aber nur latent und nur innerhalb der rhythmisch-kontrapunktischen Komponente vorhanden. Zwar ist die rhythmische Komponente für die Formbildung innerhalb der Walzer-Gattung, wie wir bereits feststellten, weitaus stärker als die melodische, doch bewirkt die anders geartete Melodik im letzten Abschnitt zweifellos auch einen Reihungscharakter innerhalb dieser verwickelten Formstruktur. Somit durchdringen sich in diesem letzten Stück drei verschiedene Formprinzipien:

(1) die zweiteilige periodische Liedform (Dualform) AB,

(2) die ABA-Reprisen- oder Gleichgewichtsform und

(3) eine dreiteilige, variante Reihungsform AA'A".

Auch diese disparate, ambivalente Formstruktur, die der Komposition jenen eigentümlichen, unbestimmten, geradezu entrückten Charakter verleiht, wirft noch einmal ein klärendes Licht zurück auf den ganzen Zyklus.

Nur in diesem ganz neuen Sinne steht das Schlußstück wie ein *Finale* der *Introduktion*, Nr. 1, gegenüber (vgl. KALBECK 3/1921, S. 195). Mit ihm wird die heitere, selbstzufriedene biedermeierliche Walzerwelt, unmittelbar an dem Punkt ihrer stärksten Exponierung, als Traumwelt entlarvt. Codamäßig knüpft es an Nr. 15 an (s. den enharmonisch-harmonikalen Anschluß!), aber nicht als ein bestätigender Anhang, sondern als eine erneute, diesmal endgültige Berichtigung; es ist am Ende mehr als nur ein etwas wehmütiges Abschiednehmen von einer vergnüglichen Tanzfolge, in der es mal heiter-beschwingt, mal wild-leidenschaftlich, mal besinnlich zuging. So schließt sich der Reigen der vielfältigen Bilder, von denen keines dem anderen gleicht und die sich doch alle gegenseitig bedingen.

Wir sehen, so „unschuldig", wie Brahms — wohl in einer Art zweckbestimmter Untertreibung — selbst meint, sind die sechzehn Walzer op. 39 bei weitem nicht. Der ganze Zyklus erscheint uns eher als ein „Versuch über den Walzer" (und andere entsprechende Tänze) des damaligen Wien, ein Versuch, der ein großartiges Werk voll höchster Poesie sowie voll künstlerischer und geistiger Auseinandersetzung mit der Tradition und mit einer dem Komponisten im Grunde fremden Welt zugleich zeitigte.

Im selben Jahr 1867, in dem Johannes Brahms seine Walzer op. 39 veröffentlichte, erschien der weltberühmte Walzerzyklus *An der schönen blauen Donau* op. 314 von Johann Strauß (Sohn). Man berichtet, Brahms habe einmal neben die Anfangstakte der Straußschen Komposition die Worte gesetzt: *„Leider nicht von Brahms"* (RIEMANNL 12/1961, II, S. 741). Wir wissen, daß Brahms, der im Hause Strauß oft zu Gast war, die Werke des Walzerkönigs, nicht zuletzt ob ihres melodiösen Reichtums (*„Er trieft von Musik"*), schätzte. Sicherlich faszinierte ihn an diesen Arbeiten auch der weltmännische Schwung, die Unbekümmertheit, die Gelöstheit von aller irdischen Schwere. Ohne Frage spürte Brahms bei der genannten Eintragung — falls diese authentisch ist —, daß er auf Grund seiner andersartigen Mentalität, Geisteshaltung, Abstammung und musikalischen Stellung nie in der Lage sein würde, solche Stücke zu schreiben — also doch „Melancholie des Unvermögens"? Sicher nicht; höchstens Melancholie über das Anderssein, das Außerhalbstehen, das Nicht-teilnehmen-können am Freudenmahl der Götter Wiens. So bleiben die Walzer letztlich ein leicht wehmütiges Gastgeschenk eines im Grunde Fremden an die Stadt Wien und deren große musikalische Tradition; ein Geschenk allerdings, von dem man — ohne dem „König aller Walzer" irgendwie Abbruch zu tun — geneigt ist zu sagen: glücklicherweise nicht von Strauß.

ZUSAMMENFASSUNG

Das eigenartig gebrochene Verhältnis J. Brahms' zur klassischen und frühromantischen Tradition läßt sich an seinen Klavier-Walzern op. 39 deutlich ablesen. So übernimmt Brahms zwar äußerlich die Formschemata (und verschiedene, vor allem rhythmische Motive) der entsprechenden Kompositionen Beethovens, Schuberts und Schumanns, stellt diese aber zugleich durch eine andersartige Materialgestaltung in Frage. Das bei seinen Vorgängern noch reibungslose Ineinandergreifen verschiedener Formelemente (wie Reihung, Reprise und Variation) innerhalb eines Stückes wird bei Brahms zu einem letztlich ungelösten innermusikalischen Problem. Die kompositorische Unverbindlichkeit, das additive zyklische Verhältnis der Tänze Schuberts weicht bei ihm einer tiefsinnigen, beziehungsreichen, stets reflektierenden Gestaltungsweise. All dieses bedeutet schließlich eine geradezu bekenntnishafte ästhetische und weltanschauliche Auseinandersetzung mit dem ungebrochenen biedermeierlichen Geist des „Wiener Walzers", dessen Selbstzufriedenheit Brahms nicht mehr teilen kann.

LITERATUR

Ernest, Gustav: Johannes Brahms. Berlin.
1930

Erpf, Hermann: Form und Struktur in der Musik. Mainz.
1967

Grasberger, Franz: Johannes Brahms. Wien.
1952

Hanslick, Eduard: Aus meinem Leben. Berlin.
4/1911

Kalbeck, Max: Johannes Brahms, Bd. II. Berlin.
3/1921

Litzmann, Berthold: Clara Schumann — Johannes Brahms. Briefe. Leipzig.
1927

Murdoch, William: Brahms. London.
1933

Orel, Alfred: Johannes Brahms. Olten.
1948

Osthoff, Helmuth: Johannes Brahms und seine Sendung (Kriegsvorträge der Rheinischen Friedrich-Wilhelms-Universität Bonn a. Rh., Heft 81). Bonn.
1942

Probst, Gisela: Franz Schuberts Tänze für Klavier zu zwei Händen. (Ungedr. Magister-Arbeit Frankfurt/M.)
1969

Riemann, L.: Personenteil. Mainz.
12/1961

UNSIGNIERTE INSTRUMENTE DES SCHWEIZER GEIGENBAUERS HANS KROUCHDALER

Zu einer vergessenen Geigenbauschule des 17. Jahrhunderts

Olga Adelmann

Im Jahre 1957 erwarb das Musikinstrumenten-Museum Berlin eine aus der ehemaligen Sammlung Wildhagen stammende Violine (Kat. Nr. 4519), im folgenden durch (2) gekennzeichnet[1], und drei Jahre später von einem Berliner Antiquitätenhändler ein in Bauart und Ausstattung ähnliches Violoncello (Kat. Nr. 4713), im folgenden (7), die beide unsigniert sind. Es handelt sich um kunstvoll gearbeitete Instrumente mit z. T. farbigen Einlegearbeiten besonderer Art, ähnlich wie bei sechs anderen, überwiegend in Schweizer Besitz befindlichen Instrumenten, (1), (3), (5), (6), (8) und (10), von denen drei, (1), (8) und (10), die Signatur eines Hans Krouchdaler tragen, in einem Fall, (8), außerdem die Jahreszahl 1685. Zwei weitere von Hans Krouchdaler signierte und mit den Jahresangaben 1699 und 1696 versehene Instrumente führt Adolf König (1958, S. 31) aus der Sammlung des Bernischen Historischen Museums an, die Viola (4) und das Bassett (9):

> „Im Historischen Museum in Bern stoßen wir in der kleinen, aber interessanten und übersichtlich aufgestellten Musikinstrumentensammlung unter anderem auch auf zwei Streichinstrumente: einen kleinen Kontrabaß und eine Bratsche, beide mit Inschrift ‚Hans Krouch Daler auff der Leimen / In der Kilchöri Oberbalm 1696‘. Diese Instrumente sind sichtlich von einem Musikliebhaber gemacht worden, der sich auf die Holzbearbeitung verstand und seine Kunstfertigkeit in vollem Maße anwendete."[2]

In der Fachliteratur begegnet bei Victor-Charles Mahillon (1900, S. 59) eine Angabe, die wegen des Hinweises auf Hans Krouchdaler wichtig erscheint:

> „ID. [d. h. Allemagne] 1442. Grande Basse-quinte de viole da Braccio à cinq cordes. Don de feu M. Vanderheyden, professeur au Conservatoire royal de musique de Bruxelles. Etiquettes: Hans Kröuch daler aüff der Eeimen der Kilebori 1654 — Ribarirt von Hieronimus Bigler im Altenburg, Bern d/15 mai 1815 — Reparirt in Juli 1853 von Andreas Gold in Wasseralfingen."[3]

[1] Die Zahlen entsprechen der Reihenfolge der zehn im beschreibenden Katalog aufgeführten Instrumente.

[2] Die hier angegebene Signatur stimmt mit den tatsächlich vorhandenen Zetteln nicht überein; vgl. beschreibenden Katalog.

[3] Vgl. Bassett (10) S. 69, 74 f. u. beschreibenden Katalog.

In den auf Veranlassung von Herrn Egger[4] durchgesehenen Kirchenbüchern von Oberbalm — der Ort liegt 9 km südwestlich von Bern — fanden sich die beiden Eintragungen:

(1) im Eherodel, zum Jahr 1676: „Hanss Krauchthaler und Anna Straubhar von Amsoldingen".
(2) im Taufrodel, zum Jahr 1685, 13. Juni: „Hanss Krauchthaler / Anna Staubhar [!] / Test. Hyeronimus Streit / Rudolf Schaffner / Anna Streit zu Oberscherli / Inf. Hyeronimus".

Im übrigen ist das Geschlecht der Krauchthaler in Oberbalm seit 1479 urkundlich bezeugt. Daß die Angaben den Erbauer der signierten Instrumente betreffen, darf somit als sicher gelten.[5]

Die hier herangezogenen Instrumente, die alle in Violinform gebaut sind, zeichnen sich allgemein durch Verzierung der Böden und Decken, durch die sehr schlanke und gestreckte Bauart des Korpus aus sowie durch die aufrechte Stellung der geradlinigen f-Löcher. Die ungewöhnliche Form der Schnecken fällt besonders auf.

Der Erhaltungszustand der Instrumente ist sehr unterschiedlich — wohl am besten bei Viola (4), die bis auf eine Lageveränderung des Halses noch im ursprünglichen Zustand vorliegt. An Viola (5) und den Bassetten (8) und (9) wurden jeweils Hals mit Griffbrett, Wirbelkasten und Schnecke erneuert, ebenso der Hals mit Griffbrett bei den Violinen (1) und (2) — bei (2) von der Verfasserin dem vermuteten Urzustand entsprechend restauriert —, bei Viola (6), Violoncello (7) sowie Bassett (10). Das Bassett (9) besitzt noch den originalen Saitenhalter wie auch die Violen (4) und (5), letztere jedoch in veränderter Form. Die langen Korpusecken, oftmals stark beschädigt, wurden bei den Bassetten (8) und (10) nicht in der ursprünglichen Form ergänzt, bei der Viola (5) gekürzt. An diesem Instrument hat man außerdem die f-Löcher oben zugesetzt und kürzer eingeschnitten; beim Violoncello (7) wurden die f-Löcher oben und unten aufgeschnitten (s. S. 74) und beim Bassett (10) beträchtlich erweitert. Die f-Löcher von Bassett (8) wurden nachträglich angeschnitten, um eine durchschnittene Form vorzutäuschen. Zu den vorhandenen Kerben kamen bei Bassett (9) später weitere hinzu. Riß- und Bruchreparaturen lassen sich an fast allen Instrumenten nachweisen, vor allem an den Bassetten (8) und (10), zudem bei einigen starke Wurmschäden. Der Lack ist an vielen Instrumenten sehr abgenutzt oder durch Retuschen und Überlackierungen verdeckt.

Die Korpusformen zeigen trotz erheblicher Unterschiede gemeinsame Merkmale. Sie wirken so, als wären sie in ein Rechteck hineingedrückt worden. Obere und untere Rundung sind flach, die stärkste Biegung sowie größte Breite des Ober- bzw. Unterbügels liegen sehr hoch bzw. tief. Die Umrißlinie verläuft bis zur umgekehrten Biegung, die in auffallend lange und nach außen weisende Ecken ausschwingt, ziemlich gestreckt. Die parallel zueinander stehenden Mittelbügel sind in der Mitte nur schwach gebogen. Ränder und

[4] Herrn Fritz Egger aus Binningen bei Basel sei an dieser Stelle für seine tätige Mithilfe herzlich gedankt.

[5] Der Name Krauchthaler ist in der Berner Gegend noch heute verbreitet. Er leitet sich von der Ortschaft Krauchthal her, die 11 km nordöstlich von Bern liegt.

ausgeprägte Hohlkehlen, aus denen die hohen, vollen Wölbungen aufsteigen, sind schmal gehalten. Die Baßinstrumente haben flachere Wölbungen.

Besonders die größeren Instrumente zeigen außergewöhnlich lange, steile und geradlinige f-Löcher, teils eng, teils weit geschnitten. Bei den Baßinstrumenten blieben die langen Öffnungen mit den großen oberen und unteren f-Punkten unverbunden. Eine Besonderheit dieser f-Löcher ist ihre punktsymmetrische Form, d. h. die Vertauschbarkeit von oben und unten. Die f-Kerben stehen einander genau gegenüber oder sind nur wenig verschoben und zum f-Loch hin abgerundet (vgl. Abb. 1).

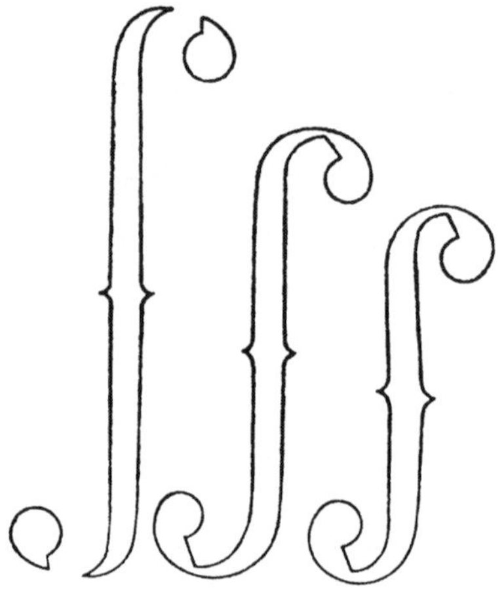

Abb. 1: *f*-Loch von (9) — Bassett (1 : 2)
(4) — Viola (1 : 1)
(2) — Violine (1 : 1)

Die ein- oder dreispänigen Randadern[6] der Decken sind meist doppelt eingelegt; die dreispänigen haben einen hellen, sehr schmalen Mittelspan. Aus den Randadern der Backen entwickeln sich aus dem gleichen Material gefertigte Ornamente in Form von Herzen, mit Karos ausgefüllt. Die reicher verzierten Decken besitzen Intarsien in Form von Blumensträußen, die aus den Herzeinschnitten aufsteigen. Für diese Intarsien wurden verschiedenfarbige Hölzer benutzt (u. a. braunes Pflaumenholz, grüne Pappel, Ahorn und schwarzgefärbte Birne). Gelegentlich kommen solche Intarsien in der Deckenmitte zwischen Steg und Griffbrett vor. Die Böden haben häufiger einfache als doppelte Randadern, die ein- oder dreispänig sein können. Sie sind immer mit Ornamenten verziert: entweder oben oder in der Mitte; bei reicherer Ausführung oben, in der Mitte und unten oder sogar ganz durchgehend. Die Griffbretter und Saitenhalter weisen entsprechende Einlegearbeiten und die Wirbelkastenwände einfache, einspänige Randadern auf. Die Zargen blieben unverziert. Im Prinzip erhält die sorgfältig ausgeführte Ornamentik durch bestimmte, immer wiederkehrende Formelemente ihr charakteristisches Gepräge. Bevorzugte Form-

[6] Einspänig wirkende Adern sind aus zwei schmalen, durchgefärbten Spänen zusammengesetzt.

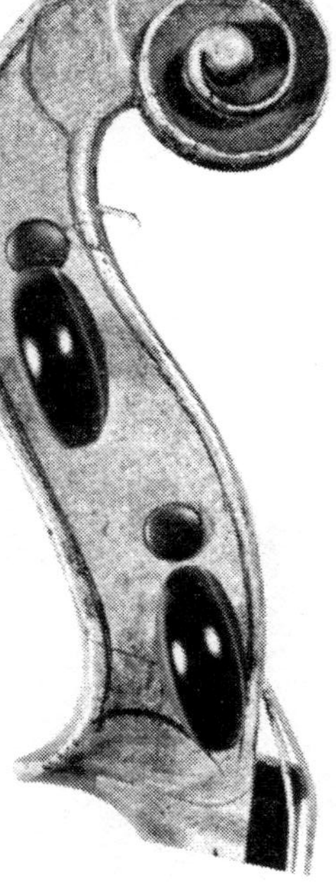

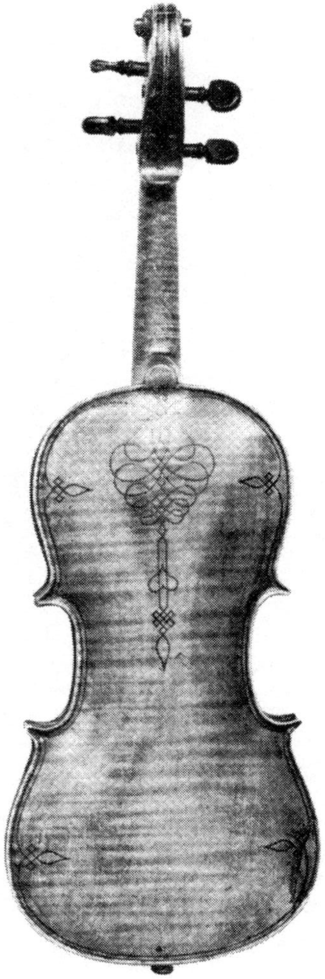

(1) Violine von Hans Krouchdaler,
Oberbalm/Schweiz, vermutlich 1665
(Historisches Museum Basel,
Kat. Nr. 1957.419)

Tafel II

(2) Violine,
Hans Krouchdaler zugeschrieben,
Oberbalm/Schweiz, 2. Hälfte 17. Jh.
(Musikinstrumenten-Museum Berlin,
Kat. Nr. 4519)

elemente sind Herzen, Karos (meist Quadrate, seltener Rauten), Parallelen, Schlaufen, lanzettförmige Blätter und Blumen.

Wirbelkästen und Schnecken haben ungewöhnliche Formen: Die Schnecken stehen mit ihren unteren Rundungen weit ab vom Wirbelkasten (vergleichbar etwa mit einem hochgehobenen Kinn). Der untere Wirbelkastenabschluß auf der Rückseite, meist lang herausgezogen, weist auffällig nach außen — dies entspricht dem Schwung der Korpusecken. Die beiden umlaufenden Hohlkehlen enden auf der Rückseite in einem Kreisbogenornament; das untere Ende des Wirbelkastens blieb jedoch ungekehlt. Der Mittelgrat zwischen den Hohlkehlen ist hinten immer gespalten, am Scheitel einfach und vorn teils einfach, teils gespalten (vgl. Abb. 2). Die seitlichen Hohlkehlen der Schneckenwindungen heben sich

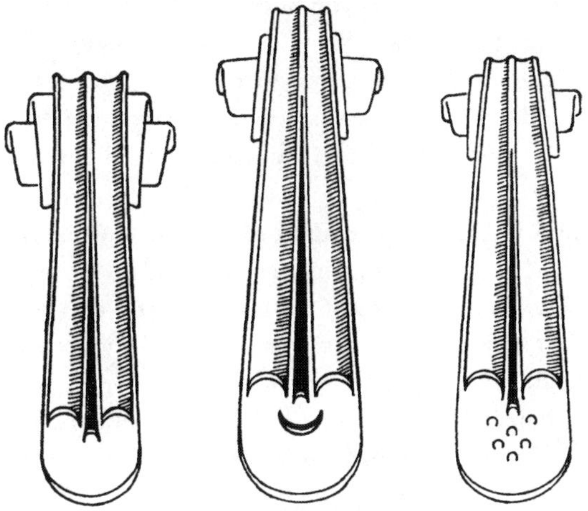

Abb. 2: Wirbelkasten — Rückseite
von (2) — Violine (links)
(4) — Viola (Mitte)
(1) — Violine (rechts)

kantig oder weich gegen die Wirbelkastenwand ab, nur bei der Viola (4) gehen sie kontinuierlich in die Wandfläche über. Der Wirbelkasten, dessen Wände meist dick sind, erscheint — besonders von der Seite betrachtet — wuchtig. Die unterschiedlich gearbeiteten Schnecken lassen sich in zwei Typen gruppieren: Den üblichen Formen entsprechen am ehesten die Schnecken der Viola (4), des Violoncells (7) und des Bassetts (10), während die beiden Violinen (1) und (2) und die Viola (6) eine — im Vergleich zur Höhe — von Ohr zu Ohr ungewöhnlich breite Schnecke besitzen. Außerdem fallen bei diesen die geringe Größe der Ohren und die Breite der mittleren Windungen auf.

Einen ähnlichen Schneckentyp zeigt eine Tenorgeige von Joseph Meyer aus dem Jahre 1668[7]. Vergleicht man die Arbeiten Krouchdalers mit dieser Tenorgeige, so darf mit einiger

[7] Das Instrument, ehemals im Besitz des Musikinstrumenten-Museums der Universität Leipzig, ging im 2. Weltkrieg verloren. Kinsky (1912, S. 540 u. 635) deutet den in die Tenorgeige eingeklebten Zettel *„Joseph Meyer zu / Graffenhausen [?], / A[n]no 1668"*. Er stellt die nur schwer zu entziffernde Ortsangabe in Frage. Handschriftenexperten der Staatsbibliothek Preußischer

Sicherheit ein Zusammenhang angenommen werden. Die Tenorgeige läßt ebenfalls in der Decke Intarsien in Form von Herzen mit Karos und Blumen erkennen, ebenso oben nicht aufgeschnittene f-Löcher[8].

Es sei hier der Geigenbauer Franz Straub[9] aus Friedenweiler bei Neustadt/Schwarzwald erwähnt, der von 1668 bis 1696 dort nachweisbar ist. Seine Instrumente sind denen Hans Krouchdalers wie auch der Tenorgeige Joseph Meyers verwandt. Im Vergleich zu Krouchdalers Arbeiten sind die Franz Straubs insgesamt weniger sorgfältig ausgeführt. Die Linienführung ist weniger ausgeglichen. Die Korpusmodelle wirken gedrungener. Der Intarsienschmuck, aus gleichen Formelementen gebildet, wie sie Krouchdaler verwendet, fällt spärlicher aus: Wir finden nur einfache, einspänige, schwarze Randadern (vgl. Anm. 6); die Deckenornamente, soweit vorhanden, zeigen ebenfalls Herzen mit Karos, aber keine Blumen; Bodenornamente, meist nur eines oben, variieren weniger. Die im Umriß ähnlichen Schnecken zeigen nicht die für Krouchdaler typische Spaltung des Mittelgrats. Der hellockerfarbene Lack ist spröde und kaum transparent, während die Krouchdaler-Instrumente meist bräunlich-gelben bis bräunlich-orangefarbenen, transparenten Lack von geschmeidiger Qualität aufweisen.

Hans Krouchdaler und Franz Straub bauten nicht über einer Form, die Zargen wurden vielmehr frei auf den Boden gesetzt und in den aus einem Stück bestehenden Hals mit Oberklotz eingeschoben, wie das später nur noch in Böhmen und im Vogtland üblich war. Ein Vergleich der Instrumente von den drei genannten Geigenbauern mit denen anderer Schulen jener Zeit führt zu folgenden Feststellungen: Von den Italienern ist nicht bekannt, daß sie die Zargen frei aufsetzten und in den Hals einschoben; sie haben stets nur über einer Form gebaut. Die Korpusumrisse der hier behandelten Instrumente zeigen eigenen Charakter; man findet kaum Anklänge an andere Modelle. Die hohen, vollen Wölbungen begegnen bei Instrumenten der Tiroler Schule, selten dagegen in Italien. Die f-Lochformen sind nicht italienisch zu nennen; in ihrer Geradlinigkeit ähneln sie am ehesten den sehr viel kürzeren f-Löchern der Tiroler Schule. Bei den Schnecken finden sich zwar gewisse Beziehungen zu denen der Brescianer und der alten Venezianer Schule, was jedoch nicht auf italienische Vorbilder schließen läßt. Die für die Instrumentengruppe so typischen Intarsienformen unterscheiden sich nicht unwesentlich von denen der Brescianer Schule. Intarsien verschiedener Art waren im 17. Jahrhundert allgemein beliebt. Aderintarsien, die den Brescianer Ornamenten ähnlich sind, verwendeten auch die englischen Violenbauer, während die Cremoneser ihre Instrumente nur selten und dann in anderer Art verzierten. Sie legten Wert auf Vollkommenheit der Linienführung.

Kulturbesitz, Handschriftenabteilung, vermuten, daß der Zettel von einem Analphabeten verfertigt wurde, der zwar seinen Namen zu schreiben verstand, die übrigen Angaben aber nur ungenau, wenn nicht falsch, wiedergeben konnte. Da bis heute von Joseph Meyer keine weiteren Daten bekannt sind, muß auf seine Lokalisierung verzichtet werden.

[8] Nach Kinsky (1912, S. 545) entsprechen die Ornamente der *„Art der Brescianer Meister"*. Dies könnte die zu Kinskys Zeit herrschende Ansicht sein; Details der Ornamentik wurden nur wenig differenziert.

[9] Über Franz Straubs Instrumente soll in einer späteren Arbeit berichtet werden.

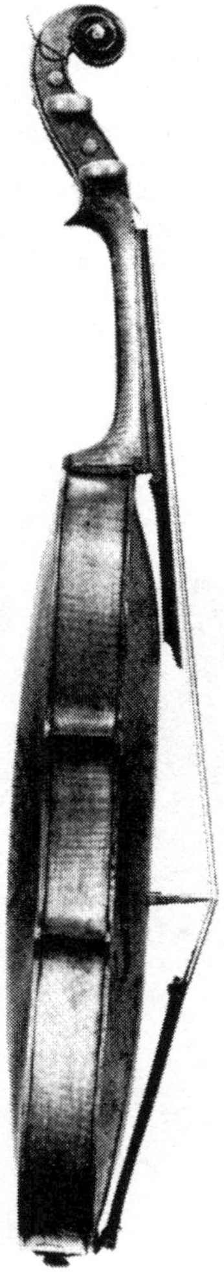
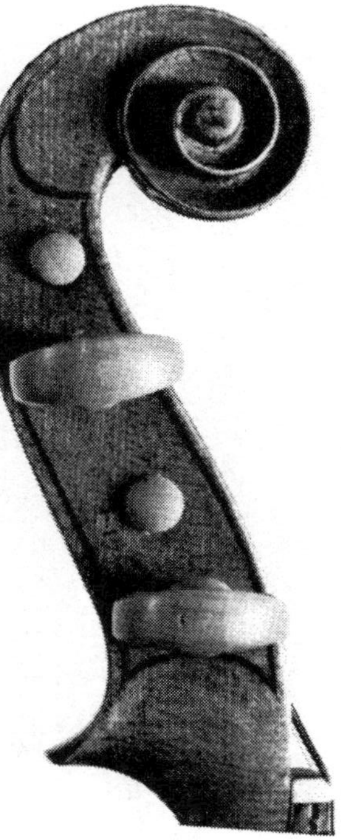

(4) Viola von Hans Krouchdaler,
Oberbalm/Schweiz, 1699
(Bernisches Historisches Museum Bern,
Inv. Nr. 637)

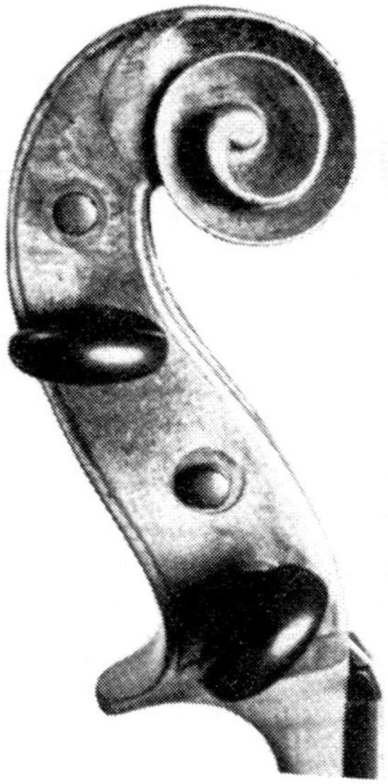

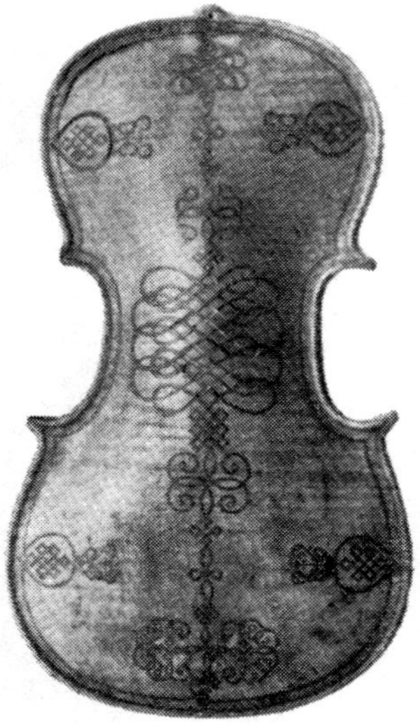

(6) Viola, Vorderansicht und Schnecke, Hans Krouchdaler oder Joseph Meyer zugeschrieben, zwischen 1665 und 1685
(Im Besitz von Professor Heinz-Otto Graf, Hannover)

(3) Violinboden, Hans Krouchdaler zugeschrieben, um 1700
(Im Besitz von Elisabeth Hirschi-Kern, Arlesheim/Schweiz)

(5) Viola, Rückansicht, Hans Krouchdaler zugeschrieben, 2. Hälfte 17. Jh.
(Im Besitz von Fritz Egger, Binningen bei Basel)

Allgemein sind die Instrumente dieser drei Geigenbauer einander wesentlich ähnlicher als Geigen anderer Schulen des 16. und 17. Jahrhunderts. So kann man mit gewissem Recht von einer eigenständigen Schule sprechen, der möglicherweise weitere, heute vergessene Geigenbauer angehörten.

Über die originale Besaitung der zehn hier behandelten, in Violinform mit Schnecken gebauten Instrumente läßt sich mit einiger Sicherheit sagen, daß außer den Violinen, Violen und dem Violoncello offenbar auch das Bassett (9) mit vier Saiten bezogen war, wie aus dem offensichtlich originalen Saitenhalter zu schließen ist. Dieses Bassett wurde, vermutlich im 18. Jahrhundert, zu einem Dreisaiter umgebaut, es erhielt einen neuen Hals mit Wirbelkasten und Schnecke. In den Saitenhalter wurde ein Loch für die mittlere Saite gebohrt. Ob auch das ebenfalls mit einem neuen Hals versehene Bassett (8) vier oder gar fünf Saiten wie das Bassett (10) besaß, ist nicht mehr festzustellen.

Von den fünf signierten Instrumenten kann bei dreien die Jahresangabe als gesichert gelten:

1685 — Bassett (8)
1696 — Bassett (9)
1699 — Viola (4)

Die Jahreszahl in der Violine (1) läßt sich als 1665 oder 1695 deuten; im Bassett (10) ist zwar 1654 zu lesen, doch ist dieser Zettel nicht original (vgl. beschreibenden Katalog). Nach der Bauweise des Instruments — vgl. die Bassette (8) und (9) — wäre wohl 1694 als Baujahr anzunehmen. Vergleicht man noch einmal die biographischen Daten, die wir von Krouchdaler besitzen (s. S. 69), so ist die letztere Angabe eher zu vertreten als 1654.

Von den übrigen Instrumenten dürfte wohl die große Viola (6) (Tafel IV) das älteste sein. Vergleicht man diese gut erhaltene Bratsche — abgesehen von Modernisierungen — mit der Tenorgeige Joseph Meyers von 1668, so läßt sich nur schwer sagen, wem das Instrument zuzuschreiben ist: Joseph Meyer oder Hans Krouchdaler? Beide Instrumente unterscheiden sich, abgesehen von den Zargenhöhen, nur wenig in den Maßen. Die vor allem in der Mitte — im Gegensatz zu den Violen (4) und (5) — verhältnismäßig breiten Korpusmodelle entsprechen einander fast, so auch in den bemerkenswert weit geschnittenen f-Löchern und den sehr großen Schnecken, bei denen besonders die vordere Breite auffällt. Die Rückseite des Wirbelkastens — hier entfällt ein Vergleich mit der Tenorgeige — ist derjenigen von Violine (1) am ähnlichsten (Abb. 2 u. Tafel I). Violine (1) und Viola (6) haben nur hinten den gespaltenen Grat; ob der Mittelgrat der Tenorgeigenschnecke J. Meyers gespalten ist, läßt sich auf der Abbildung (Kinsky 1912, S. 541) nicht erkennen. Die Deckenornamentierung von Tenorgeige und Violine (1) dürfte weitgehend übereinstimmen. Vergleicht man Viola (4) von 1699 (Tafel III) mit Violine (1), so könnte für dieses Instrument eher 1665 als 1695 in Betracht kommen[10]. In die gleiche Zeit gehört möglicherweise auch Viola (6).

[10] Von der dritten Ziffer der Jahreszahl „16 . . 5" ist nur noch ein Oval entsprechend dem der „6" erkennbar; vgl. beschreibenden Katalog.

Die sehr schlanke, fast klein zu nennende Violine (2) (Tafel II), die Hans Krouchdaler zuzuschreiben ist, wäre wohl zeitlich kurz nach der vorgenannten Gruppe einzuordnen. Ihre Schneckenform, besonders in der Gestaltung der Windungen, gleicht jenen Instrumenten – vor allem der Viola (6) –, wenn auch die reichliche vordere Breite durch einen kräftig aufgespaltenen Mittelgrat aufgeteilt ist; ferner zeigen Vorder- und Rückseite (Abb. 2) weitere wesentliche Unterschiede in Linienführung und Verteilung der Breiten gegenüber den drei anderen Instrumenten. Der Wirbelkasten ist in den Umrißlinien steifer geführt. Die f-Löcher entsprechen in ihrem Schnitt denen der Viola (6).

Das Bassett (8) von 1685 (Tafel VI) zeigt im Umriß – im Gegensatz zu den früheren Instrumenten – ein besonders schlankes Ober- und Mittelteil. Entsprechend dem Modell dieses Instruments wurde in minderer Größe das Violoncello (7) (Tafel VI) gebaut, das auch Hans Krouchdaler zugeschrieben werden muß. Beide Instrumente weisen überaus lange f-Löcher auf, doch fügen sich diese in ihrer steilen, geraden Form harmonisch in das Korpus ein. Bei dem nur noch sehr schlecht erhaltenen Bassett (8), dem auch die originale Schnecke fehlt, wurden die f-Löcher später oben und unten angeschnitten, um so eine aufgeschnittene Form vorzutäuschen, beim Violoncello dagegen völlig durchschnitten (vgl. Abb. 1). Das Instrument ist recht gut erhalten und stellt somit ein charakteristisches Beispiel für diese Arbeitsperiode Krouchdalers dar. Die Schnecke unterscheidet sich von den bisher behandelten; zwar zeigt das Profil noch starke Verwandtschaft besonders zu der Violinschnecke (1), die Linienführung der Windungen ist aber bereits ausgeglichener. Sehr unterschiedlich zu (1) ist die Vorderansicht: Die Schnecke ist nicht breit, sondern eher schmal zu nennen. Der Mittelgrat ist vorn und hinten schmal aufgespalten. Der Übergang der seitlichen Hohlkehlen der Windungen ist nicht mehr scharf gegen die Wirbelkastenwand abgesetzt wie bei den vorigen Instrumenten, sondern weich verrundet. Entsprechend den einfachen Deckenintarsien sehen wir beim Violoncello in der Bodenmitte ein ebenfalls einfaches, aus Rauten gebildetes Ornament, beim Bassett (8) ein feingeformtes Dessin oben im Boden.

Wie erwähnt (s. S. 73), wurde Bassett (9) (Tafel V) 1696 gebaut, Hals mit Schnecke und Griffbrett sind später ausgewechselt worden; sonst ist es sehr gut erhalten. In seiner originalen Innenkonstruktion zeigt es eine gratförmige Verstärkung der Deckenmittelfuge an Stelle eines Baßbalkens (vgl. Abb. 3) – ein Überbleibsel aus der Frühzeit des Streich-

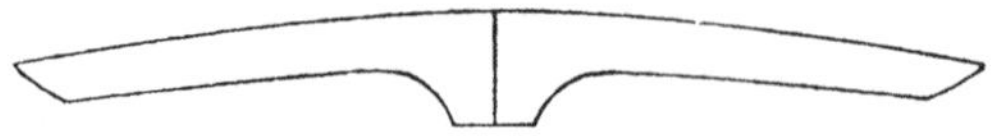

Abb. 3: Schnitt durch die Decke zwischen den oberen *f*-Punkten des Bassetts (9)
Verstärkung der Mittelfuge an Stelle eines Baßbalkens

instrumentenbaus. Das Modell des Korpus ist neu und wesentlich schöner. Der Oberbügel ist im Verhältnis zur Mitte und zum Unterbügel ausgesprochen breit; die f-Löcher sind oben und unten nicht durchschnitten. Das Bassett (9) ist besonders reich verziert.

Bassett (10) stimmt in Formen und Maßen fast mit Bassett (9) überein und zeigt ähnliche, aber noch reichere Deckenornamente. Es ist naheliegend, daß Bassett (10) fast zur

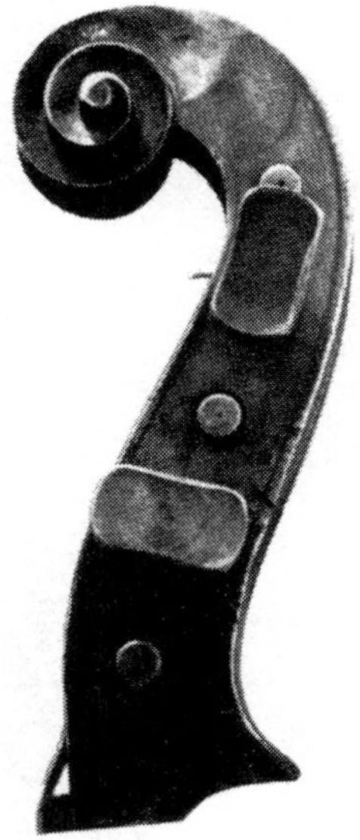

(9) Bassett von Hans Krouchdaler, Oberbalm/Schweiz, 1696 (Bernisches Historisches Museum Bern, Inv. Nr. 5650)

(10) Schnecke eines Bassetts von Hans Krouchdaler, Oberbalm/Schweiz, vermutlich 1694 (Musée Instrumental du Conservatoire Royal de Musique de Bruxelles, Kat. Nr. M. 1442)

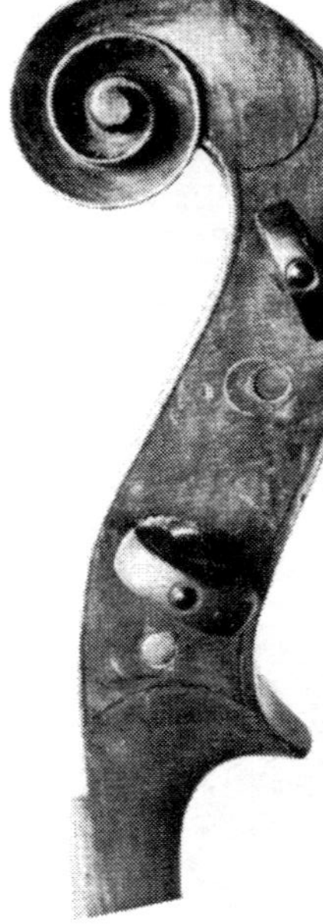

(7) Violoncello,
Vorderansicht und Schnecke,
Hans Krouchdaler zugeschrieben
Oberbalm/Schweiz, um 1685
(Musikinstrumenten-Museum Berlin,
Kat. Nr. 4713)

(8) Bassett von Hans Krouchdaler,
Oberbalm/Schweiz, 1685
(Schweizerisches Landesmuseum Zürich,
Kat. Nr. LM 6504)

gleichen Zeit wie Bassett (9) (1696) gebaut wurde. Somit ist 1654 als Entstehungsjahr, wie auf dem fehlerhaft kopierten Zettel angegeben, kaum anzunehmen; sehr wahrscheinlich dürfte 1694 in Frage kommen. Wie Bassett (8) ist auch Bassett (10) nur schlecht erhalten – störend wirken vor allem die ausgeweiteten f-Löcher –, aber Wirbelkasten und Schnecke sind noch original (Tafel V) und denen des Violoncells (7) sehr ähnlich, sie zeigen auch die gleich geformte Aufspaltung des Mittelgrats und die gleich starken Wirbelkastenwände bei geringer Breite des Wirbelkastens; desgleichen entsprechen die Breiten der Schnecken einander im Verhältnis zur Größe.

Das vollkommenste Instrument ist Viola (4) aus dem Jahre 1699 (Tafel III). Die Korpusform ähnelt der des Bassetts (9). Die f-Löcher zeigen eine besonders edle Linienführung. Decke und Boden sind reich verziert. Griffbrett und Saitenhalter sind original erhalten, aus dunklem Pflaumenholz gearbeitet und mit hellen Aderornamenten eingelegt. Das der Zeit gemäße, sehr kurze, geschwungen abschließende Griffbrett und der lange Saitenhalter bilden mit dem verzierten Korpus und der Schnecke eine in allen Proportionen harmonische Einheit. Schnecke und Wirbelkasten zeigen noch den ursprünglichen Charakter – jedoch in vollendeter Gestaltung. Die seitliche Hohlkehle schwingt ohne jeden Absatz in die Wirbelkastenwand aus. Das die hinteren Hohlkehlen begrenzende Ornament zeigt wieder eine neue Variante (Abb. 2).

Die „italianisierte", d. h. stark veränderte Viola (5) (Tafel IV) entspricht in den Maßen fast Viola (4); sie ist ein wenig länger und schmaler. Die Decke ist ähnlich verziert wie die der Violine (1). Viola (5) ist zeitlich schwer – möglicherweise zwischen 1685 und 1695 – einzuordnen, die Schnecke ist nicht original, die f-Löcher sind verändert, die Korpusecken gekürzt. Der Instrumentenbauer, der die Veränderungen vorgenommen und fälschlicherweise einen Zettel von Antonio Mariani aus Pesaro hineingeklebt hat, kannte ganz offensichtlich nicht dessen recht unterschiedliche Modelle – auch solche mit langen Ecken –, sonst hätte er wohl kaum die Ecken des Instruments gestutzt. Eine gewisse Ähnlichkeit von Mariani-Geigen mit manchen Krouchdaler-Modellen läßt sich nicht leugnen, doch muß die Viola (5) Hans Krouchdaler zugeschrieben werden.

Zuletzt wäre noch der Violinboden (3) (Tafel IV) zu erwähnen, der noch kürzer als der Boden von Violine (2) ist. Er entspricht in den Breitenverhältnissen etwa Viola (4), der er im Modell sehr ähnlich ist. Auffallend sind die besonders langen Ecken. Die sehr reiche Verzierung zeigt neue Formelemente. Dies berechtigt zu der Annahme, daß möglicherweise die ebenfalls Krouchdaler zuzuschreibende Violine wie Viola (4) um 1700 gebaut wurde.

Mit den kurzen Ausführungen sollte gezeigt werden, wie sich Hans Krouchdalers Instrumente im Zeitraum von 1665 bis etwa 1699 fortentwickeln. Die ursprünglichen Formen muten wuchtig und archaisch an, verfeinern sich jedoch im Laufe der Zeit, bis sie schließlich zu hoher kunsthandwerklicher Vollendung gelangen und eine charakteristische Individualität ihres Baumeisters spiegeln, was die Instrumente besonders heraushebt. Ihre klanglichen Qualitäten lassen sich vor allem an zwei Bratschen nachweisen. Sie sprechen ausgezeichnet an und zeichnen sich in der Tongebung, auf allen Saiten ausgeglichen, sowohl durch eine volle, sonore Tiefe als auch durch hervorragenden Klang in den oberen Lagen aus. Die Violine (2) entspricht mit ihrem zarten, lieblichen Ton den Klangvorstellungen ihrer Zeit. Das Violoncello, welches in erster Linie als Generalbaßinstrument diente, spricht gleichfalls allsaitig gut an, es klingt weich und ausgeglichen.

So ist festzustellen, daß der Wert von Hans Krouchdalers Instrumenten nicht allein auf ihrer Gestaltung beruht, sondern zugleich auf ihren klanglichen Qualitäten, welche sich mit denen von Instrumenten zeitgenössischer Meister durchaus messen können. Hans Krouchdaler sollte daher den beachtenswerten Geigenbaumeistern des 17. Jahrhunderts an die Seite gestellt werden.

ZUSAMMENFASSUNG

Forschungen nach der Herkunft von zwei unsignierten und verzierten Streichinstrumenten im Musikinstrumenten-Museum des Staatlichen Instituts für Musikforschung Berlin führten zu Vergleichen mit entsprechend gearbeiteten Stücken — vor allem in Schweizer Museen und Privatbesitz. Dabei stellte sich heraus, daß bei keinem dieser Instrumente eine unmittelbare Beziehung zur Brescianer Schule besteht, wie oft angenommen, vielmehr lassen sich Merkmale einer bisher unbekannten eigenständigen Schule, die sich im 17. Jahrhundert vorwiegend im alemannischen Raum entwickelt hat, nachweisen. Die Charakteristika werden in diesem Beitrag zunächst an zehn Instrumenten, die von Hans Krouchdaler signiert oder ihm zuzuschreiben sind, aufgezeigt.

LITERATUR

Kinsky, Georg: Musikhistorisches Museum von Wilhelm Heyer in Cöln, Katalog, Bd. 2: Zupf- und
1912 Streichinstrumente. Cöln.

König, Adolf: Die Schweizer Geige — Ihre Entwicklung zur klassischen Form und ihre Herstellung
1958 in der Gegenwart, Hochwächter-Bücherei, Bd. 29. Bern.

Mahillon, Victor-Charles: Catalogue Descriptif et Analytique du Musée Instrumental du Conser-
1900 vatoire Royal de Musique de Bruxelles, Bd. 3. Gand.

BESCHREIBENDER KATALOG

der von Hans Krouchdaler signierten und ihm zuzuschreibenden Instrumente

(1) VIOLINE
Hans Kröuch Daler / uf Leimen in der Kirchöri / Oberbalm 16 . . 5
Vermutlich 1665 oder 1695 (s. S. 73). Handschriftlich.

Maße[11]

Gesamtlänge:		602 mm
Korpuslänge:		371 mm
Korpusbreiten:	oben	163 mm
	mitten	113 mm
	unten	199 mm
Zargenhöhen:		25 mm
schwingende Saitenlänge:		325 mm
Mensur der Decke:		193 mm

Material
Boden: ungeteilt, geflammter Ahorn, Spiegelschnitt; Zargen: (wie Boden);
Decke: feinjährige Fichte; Wirbelkasten mit Schnecke: leicht geflammter Ahorn;
Lack: hell-orangebraun, transparent.

Dekor: doppelte, einspänige, schwarze Randadern in Boden und Decke; Herzen mit Karos und farbigen Blumen in den vier Backen der Decke; Ornament aus Herzen, Spindeln, Karos, Schlaufen und Blatt im oberen Teil des Bodens; einfache, einspänige Randadern an den seitlichen Wirbelkastenwänden.

Historisches Museum Basel, Kat. Nr. 1957.419.
Tafel I

(2) VIOLINE
Hans Krouchdaler zugeschrieben, Oberbalm, 2. Hälfte 17. Jh.

Maße

Gesamtlänge:		561 mm
Korpuslänge:		353 mm
Korpusbreiten:	oben	162 mm
	mitten	105 mm
	unten	196 mm
Zargenhöhen:		25—26 mm
schwingende Saitenlänge:		307 mm
Mensur der Decke:		188 mm

Material
Boden: geteilt, geflammter Ahorn, Spiegelschnitt;
Zargen: sehr fein geflammter Ahorn, teils Spiegel-, teils Schwartenschnitt;
Decke: sehr feinjährige Fichte;
Wirbelkasten mit Schnecke: leicht geflammter Ahorn;
Lack: sehr dünn (fast völlig verbraucht), hell-goldbraun, transparent.

Dekor: doppelte, einspänige, schwarze Randadern in Boden und Decke; Herzen mit Karos und farbigen Blumen in den vier Backen der Decke; miteinander in Verbindung stehende Ornamente aus Herzen, Karos, Parallelen, Spindeln und einer Blüte im Boden, oben, mitten und unten; einfache, dreispänige Randadern an den seitlichen Wirbelkastenwänden.

Musikinstrumenten-Museum Berlin, Kat. Nr. 4519.
Tafel II

[11] Die Maße wurden bei allen Instrumenten über der Wölbung ermittelt.

(3) VIOLINBODEN
Hans Krouchdaler zugeschrieben, Oberbalm, um 1700.

Maße

Länge:		339 mm
Breiten:	oben	167 mm
	mitten	107 mm
	unten	193 mm

Material
geflammter Ahorn im Spiegelschnitt, ungeteilt.

Dekor: doppelte, dreispänige Randadern; zentrales, über die ganze Länge laufendes, sehr reiches Ornament; weitere Ornamente in den vier Backen; alles in Adermaterial eingelegt, hauptsächlich Schlaufen, Karos, Spindeln und andere Rundformen.

Im Besitz von Elisabeth Hirschi-Kern, Arlesheim/Schweiz.
Tafel IV

(4) VIOLA
Hans krouch daler auff / der leimen in der kilch / ori ober balm 1699. Handschriftlich.
In den Boden unterm Blatt eingebrannt: *H K.*

Maße

Gesamtlänge:		660 mm
Korpuslänge:		417 mm
Korpusbreiten:	oben	200 mm
	mitten	137 mm
	unten	235 mm
Zargenhöhen:		31—32 mm
schwingende Saitenlänge:		356 mm
Mensur der Decke:		225 mm

Material
Boden: schlichter Ahorn im Schwartenschnitt, ungeteilt;
Zargen: leicht geflammter Ahorn;
Decke: mitteljährige Fichte;
Hals mit Wirbelkasten und Schnecke: leicht geflammter Ahorn;
Griffbrett und Saitenhalter (orig.): Pflaumenholz;
Lack: goldgelb, transparent.

Dekor: doppelte, einspänige Randadern in der Decke; einfache, einspänige Randadern im Boden; Herzen mit Karos und farbigen Blumen in den vier Backen der Decke und in der Deckenmitte; Ornamente aus Herzen, Schlaufen, Karos und Spindeln im Boden, oben und unten; kreisförmiges Ornament, mit Herzen und Karos ausgefüllt, in der Bodenmitte; einfache, einspänige Randadern an den seitlichen Wirbelkastenwänden; Ornamente aus hellen, einspänigen Adern in entsprechenden Formen, Karos, Herzen, Spindeln, Parallelen und Blättern, in Griffbrett und Saitenhalter.

Bernisches Historisches Museum Bern, Inv. Nr. 637.
Tafel III

(5) VIOLA
Hans Krouchdaler zugeschrieben, Oberbalm, 2. Hälfte 17. Jh. (Nicht zugehöriger Zettel: *Antonio Mariani, Pesaro 1673.* Gedruckt. Ein kleiner, unbedruckter Rest des Originalzettels ist im Instrument verblieben.)

Maße

Gesamtlänge:		686 mm
Korpuslänge:		420 mm
Korpusbreiten:	oben	198 mm
	mitten	136 mm
	unten	232 mm
Zargenhöhen:		34—36 mm
schwingende Saitenlänge:		380 mm
Mensur der Decke:		225 mm

Material
Boden: geflammter Ahorn im Spiegelschnitt, ungeteilt;
Zargen: (wie Boden);
Decke: feinjährige Fichte;
Saitenhalter (orig.): Pflaumenholz;
Lack: hell-gelbbraun, transparent.

Dekor: doppelte, einspänige, schwarze Randadern in Decke und Boden; Herzen mit Karos und farbigen Blumen in den vier Backen der Decke; zentrales, von oben bis unten durchgehendes Aderornament aus Herzen, Karos und Blättern im Boden; Ornament aus hellen, einspänigen Adern im Saitenhalter — ähnlich wie bei (4).

Im Besitz von Fritz Egger, Binningen bei Basel.
Tafel IV

(6) VIOLA
Hans Krouchdaler, Oberbalm, oder Joseph Meyer zugeschrieben, zwischen 1665 und 1685 (?).
(Nicht zugehöriger Zettel: *Caspar da Salo in brescia / 1595.* Gedruckt.)

Maße

Gesamtlänge:		700 mm
Korpuslänge:		435 mm
Korpusbreiten:	oben	213 mm
	mitten	152 mm
	unten	252 mm
Zargenhöhen:		33—34 mm
schwingende Saitenlänge:		378 mm
Mensur der Decke:		228 mm

Material
Boden: schmal geflammter Ahorn im Spiegelschnitt, geteilt, unsymmetrische Flammen;
Zargen: schmal geflammter Ahorn im Spiegelschnitt;
Decke: feinjährige Fichte;
Wirbelkasten mit Schnecke: schlichter Ahorn;
Lack: braun, etwas transparent.

Dekor: doppelte, dreispänige Randadern in der Decke; Herzen mit Karos in den Backen der Decke; im Boden einfache, dreispänige Randadern und oben ein Aderornament aus Rauten; einfache, einspänige Randadern an den seitlichen Wirbelkastenwänden.

Im Besitz von Professor Heinz-Otto Graf, Hannover.
Tafel IV

(7) VIOLONCELLO
Hans Krouchdaler zugeschrieben, Oberbalm, um 1685.

Maße

Gesamtlänge:		1240 mm
Korpuslänge:		760 mm
Korpusbreiten:	oben	322 mm
	mitten	215 mm
	unten	411 mm
Zargenhöhen:		122—124 mm
schwingende Saitenlänge:		665 mm
Mensur der Decke:		390 mm

Material
Boden: schlichter Ahorn im Schwartenschnitt, links der Mitte geteilt;
Zargen: (wie Boden);
Decke: mitteljährige Fichte;
Wirbelkasten mit Schnecke: schlichter Ahorn;
Lack: rötlich-braun, transparent.

Dekor: doppelte, dreispänige Randadern in der Decke; Herzen mit Karos in den Backen der Decke; im Boden einfache, dreispänige Randadern und in der Mitte ein Aderornament aus Rauten; einfache, einspänige Randadern an den seitlichen Wirbelkastenwänden.

Musikinstrumenten-Museum Berlin, Kat. Nr. 4713.
Tafel VI

(8) BASSETT (violinförmig)
Hanß Krouchdaler uf / Leymen In der Kylchöri Ober- / Balm 1685. Handschriftlich.

Maße

Gesamtlänge (geschätzt):		1550 mm
Korpuslänge:		953 mm
Korpusbreiten:	oben	432 mm
	mitten	285 mm
	unten	532 mm
Zargenhöhen:		151 mm
schwingende Saitenlänge:		855 mm
Mensur der Decke:		478 mm

Material
Boden: schlichter Ahorn im Spiegelschnitt, geteilt;
Zargen: (wie Boden);
Decke: mitteljährige Fichte;
Besaitung: z. Z. drei Saiten;
Lack: braun, stark retuschiert.

Dekor: doppelte, dreispänige Randadern in der Decke; Herzen mit Karos in den Backen der Decke; im Boden einfache, dreispänige Randadern und oben ein Aderornament aus Herz, Karos, Schlaufen, Parallelen und Blatt.

Schweizerisches Landesmuseum Zürich, Kat. Nr. LM 6504.
Tafel VI

(9) BASSETT (violinförmig)
Hans Krouch daler auff / der leimen, der kilchori / ober balm 1696 Jahr. Handschriftlich.

Maße

Gesamtlänge:		1485 mm
Korpuslänge:		920 mm
Korpusbreiten:	oben	440 mm
	mitten	295 mm
	unten	513 mm
Zargenhöhen:		150—154 mm
schwingende Saitenlänge:		850 mm
Mensur der Decke:		472 mm

Material
Boden: fast schlichter Ahorn, im Schwartenschnitt, links der Mitte geteilt;
Zargen: (wie Boden); Decke: mitteljährige Fichte;
Saitenhalter (orig.): Kirschbaumholz;
Besaitung: jetzt drei, ursprünglich vier Saiten;
Lack: helles Gelbbraun, transparent.

Dekor: doppelte, dreispänige Randadern in der Decke, Herzen mit Karos und farbigen Blumen in den Backen und in der Mitte der Decke; einfache, dreispänige Randadern und ein zentrales, sich über die ganze Länge hinziehendes Aderornament aus Herzen, Karos und Parallelen im Boden; Ornament aus hellen, einspänigen Adern (Ahorn) im Saitenhalter.

Bernisches Historisches Museum Bern, Inv. Nr. 5650.
Tafel V

(10) BASSETT (violinförmig)
Hanskröuch / daler aüff der leimen / der kilebori 1654[12]

Rebarirt von / Hieronymus Bigler / in Altenberg / Bern d/15 Mai 1815
Reparirt im Juli 1853 / von / Andreas Gold / Wasseralfingen. Handschriftlich.

Maße

Gesamtlänge:		1684 mm
Korpuslänge:		912 mm
Korpusbreiten:	oben	441 mm
	mitten	292 mm
	unten	515 mm
Zargenhöhen:		150—156 mm
schwingende Saitenlänge:		970 mm
Mensur der Decke:		480 mm

Material
Boden: schlichter Ahorn im Schwartenschnitt, rechts der Mitte geteilt;
Zargen: (wie Boden);
Decke: mitteljährige Fichte;
Wirbelkasten mit Schnecke (orig.): schlichter Ahorn;
Besaitung: fünf Saiten;
Lack: Grund goldbraun, stark überlackiert.

Dekor: doppelte, dreispänige Randadern in Decke und Boden; Herzen mit Karos und farbigen Blumen in den Backen und in der Mitte der Decke; Aderornament aus Karos, Parallelen und Blättern in der Mitte des Bodens; einfache, einspänige Randadern an den seitlichen Wirbelkastenwänden.

Musée Instrumental du Conservatoire Royal de Musique de Bruxelles, Kat. Nr. M. 1442.
Tafel V

[12] Fehlerhafte Abschrift der originalen Signatur zusammen mit zwei Reparaturinschriften auf einem Zettel.

BILDNACHWEIS

(1) Historisches Museum Basel.

(2) Musikinstrumenten-Museum Berlin. (Photos I. Otto u. O. Adelmann)

(4) Bernisches Historisches Museum Bern.

(3)
(5) Fritz Egger, Binningen bei Basel.

(6) Musikinstrumenten-Museum Berlin. (Photos O. Adelmann)

(7) Musikinstrumenten-Museum Berlin. (Photos I. Otto)

(8) Schweizerisches Landesmuseum Zürich.

(9) Bernisches Historisches Museum Bern.

(10) Les Amis du Musée Instrumental du Conservatoire Royal de Musique de Bruxelles.

ÜBER DEN EINFLUSS DER DARBIETUNGSDAUER AUF DIE IDENTIFIKATION VON INSTRUMENTALEN KLANGFARBEN

Ekkehard Jost

Innerhalb der Wahrnehmungspsychologie gibt es insbesondere für die visuelle Wahrnehmung eine Reihe von Untersuchungen über die Abhängigkeit der Reizidentifikation von der Dauer der Darbietung. Vor allem im Zusammenhang mit dem Aufmerksamkeitsumfang („span" of visual discrimination; Hunter u. Sigler 1940) geht es dabei um die Ermittlung von Schwellenwerten, die naturgemäß einmal von physiologischen Parametern abhängen, zum andern aber auch durch die Art der Reize selbst beeinflußt werden. Es spielt einerseits die physiologisch bedingte Reaktionszeit eine Rolle, der „Augenblick" oder das „Moment", was wiederum auf den jeweiligen Organismus zurückzuführen ist (Raubfische z. B. besitzen ein erheblich kürzeres Moment als Schnecken). Andererseits hängt die Identifikation von Reizen von diesen selbst ab. So werden gleich kurze Reize von größerer Intensität eher wahrgenommen als solche von geringerer; ein Sachverhalt, der durch das Bunson-Roscoe-Gesetz definiert ist (Intensität × Zeit = Konst.). Einen weiteren Faktor stellt der Bekanntheitsgrad der dargebotenen Gegenstände dar: Experimente mit kurzzeitig gezeigten Wörtern ergeben, daß diese um so eher erkannt werden, je geläufiger sie sind und je weniger sie mit sozialen Tabus behaftet sind (Postman, Bruner u. McGinnies 1948).

Entsprechende Untersuchungen im auditiven Bereich betreffen neben der Übertragung des Bunson-Roscoe-Gesetzes auf die Hörwahrnehmung vor allem die Abhängigkeit der Tonhöhenwahrnehmung von der Tondauer. Sinustöne rufen erst bei einer bestimmten Mindest-Darbietungsdauer einen eindeutigen Tonhöheneindruck hervor (30—40 ms). Wird die Dauer verkürzt, ändert sich der Tonhöheneindruck. Töne von etwa 10 ms werden lediglich als Knack empfunden (Doughty u. Garner 1947).

Ähnlich wie bei Sinustönen nur eine ausreichende Tondauer zu eindeutigen Tonhöhenzuordnungen führt, so hängt auch bei Instrumentenklängen der spezifische Klangeindruck und damit die Identifikationsmöglichkeit des Instrumentes von der Darbietungsdauer der Klänge ab. Da jedoch das Timbre von Musikinstrumenten als eine *„multidimensionale*

Dimension" (LICKLIDER 1951) aufzufassen ist, dürfte hierbei außer der reinen Darbietungsdauer eine Reihe von anderen Parametern ins Gewicht fallen, die für sinusförmigen Schall nicht relevant werden und insofern auch noch nicht untersucht worden sind.

Im vorliegenden Fall ging es in erster Linie darum, den Einfluß der Darbietungsdauer auf die Identifizierbarkeit von Reizen (Instrumentenklängen) zu ermitteln, wobei die Art der Reize (Instrumente, Lage der Töne auf dem Instrument und Dynamikstufe der gespielten Töne) als unabhängige Variable fungierte.

VERSUCHSAUFBAU

Die Auswahl der Klänge wurde so vorgenommen, daß jede der Hauptgruppen des Orchesterklanges ausreichend repräsentiert war. Folgende Instrumente wurden in die Untersuchung einbezogen: Violine, Violoncello, Klarinette, Flöte, Fagott, Horn, Trompete und Posaune. Auf Perkussionsinstrumente wurde bewußt verzichtet, da die erheblichen Unterschiede zwischen quasi-stationären und impulsartigen Klängen eine Verfälschung der Ergebnisse befürchten ließen.

Von jedem der genannten Instrumente wurden 3 Tonlagen ausgewählt:

Violine	Violoncello	Klarinette	Flöte	Fagott	Trompete	Posaune	Horn
g	D	g	c^1	D	g	G	G
g^2	g	g^1	g^1	g	g^1	g	g
c^3	c^3	c^3	c^3	c^2	c^3	g^1	c^1

Die Töne wurden von Mitgliedern des Orchesters der Berliner Hochschule für Musik im piano und forte mit einer Dauer von ca. 3 s gespielt und mittels einer hochwertigen Studioanlage im Staatlichen Institut für Musikforschung Preußischer Kulturbesitz, Berlin, auf Tonband aufgenommen. Für den Test wurden die Aufnahmen durch Bandschnitte derart präpariert, daß pro Klang 10 verschiedene Dauern von 50 ms bis 2 s Länge zur Verfügung standen, wobei die Klangeinsätze stets erhalten blieben. Auf Grund der hohen Bandgeschwindigkeit (38 cm/s) konnten die Schnitte mit ausreichender Genauigkeit durchgeführt werden (Toleranz ca. $\pm$ 0.005 s).

Bei der zeitlichen Abstufung der Tondauern mußte berücksichtigt werden, daß einem Unterschied z. B. zwischen 0.05 und 0.10 s erheblich mehr Bedeutung beizumessen ist als einem gleich großen zwischen 1.95 und 2.00 s. Die Skala wurde deshalb nicht linear unterteilt, sondern folgte einer Exponentialfunktion. In diesem Fall wurde eine Reihe gewählt, in der die Dauer $tn = tn{-}1 + \frac{tn-1}{2}$ betrug und die kürzeste Dauer mit $t_1 = 0.05$ s angesetzt wurde. Es ergaben sich somit für die Variable „Zeit" folgende Werte:

$t_1 = 0.050$ s	$t_6 = 0.379$ s
$t_2 = 0.075$ s	$t_7 = 0.569$ s
$t_3 = 0.113$ s	$t_8 = 0.859$ s
$t_4 = 0.168$ s	$t_9 = 1.288$ s
$t_5 = 0.253$ s	$t_{10} = 1.932$ s

Die 10 vorbereiteten Test-Tonbänder enthielten jeweils 48 verschiedene Instrumentenklänge in zufälliger Reihenfolge. Jeder Klang wurde zweimal gespielt, zwischen den wiederholten Klängen lag eine Pause von 3 s, zwischen den verschiedenen Klängen eine von 10 s.

Das gesamte Test-Material wurde 20 Versuchspersonen (Vpn) in zwei Sitzungen von je einer Stunde zur Identifikation dargeboten. Die Vpn verfügten durchgehend über eine musikalische Vorbildung und waren mit den in Frage kommenden Instrumentenklängen hinreichend vertraut. Zur Fixierung der Aussagen erhielten sie für jeden der 10 Test-Blöcke eine Verwechslungsmatrix, auf der die acht Instrumente angegeben waren und auf der sie durch Kreuze den jeweils vorgespielten Ton einem der Instrumente zuordneten.

AUSWERTUNG UND ERGEBNISSE

Die Auswertung des Datenmaterials erfolgte nach dem in der Informationstheorie verwendeten Verfahren der multivariaten Informationsanalyse. Dabei wird vorausgesetzt, daß es sich bei der Identifizierung der Instrumentenklänge um eine Informationsübertragung handelt, die vom Tonband — also von den Klängen — zu den Vpn hin stattfindet. Werden alle Klänge richtig identifiziert, so ist die Informationsübertragung maximal; verteilen sich die Kreuze der Vpn zufällig (etwa völlig gleichmäßig) über die Matrix, ist ihr Wert minimal und nähert sich Null (eine ausführliche Diskussion des Verfahrens gibt Attneave 1965, S. 68—75). Der Wert der übertragenen Information T (von „transmitted information") wird als dyadischer Logarithmus in der Einheit *bit* (binary digit) angegeben. Der maximal mögliche T-Wert läge bei unseren 8 Alternativen bei 3.0.

Die dieser Untersuchung zugrunde liegende Hypothese besagt, daß mit dem Anwachsen der Darbietungsdauer ein Anwachsen der T-Werte zu erwarten ist. Nach welchen Gesetzmäßigkeiten dies geschieht und welchen Einfluß die verschiedenen Tonlagen und Dynamikstufen dabei ausüben, soll im folgenden dargestellt werden.

In den Tabellen 1—10 sind die Verwechslungsmatrizen für die 10 Darbietungsdauern wiedergegeben, wobei zunächst die verschiedenen Tonlagen und Dynamikstufen der einzelnen Instrumente zusammengefaßt wurden. Die dargebotenen Klänge stehen oben, die Reaktionen der Vpn links. Die Zahlen in den Zellen geben die Häufigkeit an, mit der ein bestimmter Klang einem der Instrumente zugeordnet worden ist. Unter den Tabellen sind jeweils die zugehörigen T-Werte vermerkt (vgl. auch Abb. 1).

	V	Vc	Klar	Fl	Fg	Trp	Ps	Hr
V	55	36	6	8	10	3		2
Vc	30	53	7	2	12	1	9	6
Klar	3		93	14	7		1	2
Fl	13	16	15	66	4	2	1	3
Fg	4	9	9	11	56	5	11	15
Trp	2	2	12	10	4	74	9	7
Ps			1		10	37	59	13
Hr	1	2	4	5	21	9	24	54

Tabelle 1. Dauer = 0.050 s; T = 1.01392

	V	Vc	Klar	Fl	Fg	Trp	Ps	Hr
V	69	38	6	4	3			
Vc	22	49	9	8	15	2	9	6
Klar	2		95	15	3	3	1	
Fl	4	12	25	73	5			
Fg	3	13	20	6	60	2	10	6
Trp			10	4	6	87	6	6
Ps					6	34	66	14
Hr	2		7	3	9	6	30	63

Tabelle 2. Dauer = 0.075 s; T = 1.24864

	V	Vc	Klar	Fl	Fg	Trp	Ps	Hr
V	82	30	4	1	2	1		
Vc	28	67	7	4	8		6	
Klar	2	3	101	12	2			
Fl	8	15	12	83	1	1		
Fg	6	17	10	8	70		2	6
Trp	1	4	9	5	1	66	30	4
Ps					5	33	69	13
Hr		1	2	1	8	6	31	71

Tabelle 3. Dauer = 0.113 s; T = 1.42598

	V	Vc	Klar	Fl	Fg	Trp	Ps	Hr
V	77	34	7	1		1		
Vc	27	68	6	1	8	2	7	1
Klar	4	1	97	11	4	2		1
Fl	4	13	13	84	4		1	1
Fg	2	8	15	14	59		7	14
Trp	1	2	9	7	3	79	16	3
Ps			2		3	29	67	19
Hr			2	1	8	9	28	72

Tabelle 4. Dauer = 0.168 s; T = 1.29544

	V	Vc	Klar	Fl	Fg	Trp	Ps	Hr
V	76	38	4	2				
Vc	36	66	3	2	4		6	2
Klar	3	1	102	11	3			
Fl	6	5	11	92	4	2		1
Fg	3	8	15	2	82	2	1	7
Trp	2	2	12	5	6	81	7	5
Ps					7	34	64	15
Hr		1	1		10	5	24	79

Tabelle 5. Dauer = 0.253 s; T = 1.53918

	V	Vc	Klar	Fl	Fg	Trp	Ps	Hr
V	86	28	4	1	1			
Vc	36	68	3		5	1	4	3
Klar	6	2	101	9	2			
Fl	3	5	9	94	6	2		1
Fg		5	17	7	83	2	4	1
Trp	5		8	8	6	78	9	6
Ps			1		2	38	68	11
Hr		2	2		8	4	20	85

Tabelle 6. Dauer = 0.379 s; T = 1.59090

	V	Vc	Klar	Fl	Fg	Trp	Ps	Hr
V	71	46	1	1	1			
Vc	38	70	3	1	6		2	1
Klar	5		104	8	2	1		
Fl	2	4	12	94	5		1	2
Fg		3	7	10	92	1	2	5
Trp	3	1	5	6	2	77	22	5
Ps					4	33	79	4
Hr			1	2	6	4	21	86

Tabelle 7. Dauer = 0.569 s; T = 1.71334

	V	Vc	Klar	Fl	Fg	Trp	Ps	Hr
V	76	41	1		2			
Vc	29	80	2	1	5	1	1	1
Klar	4		98	15	3			
Fl	2	2	17	95	2		1	1
Fg	3	5	10	4	92		1	5
Trp	1	2	8	5	4	79	15	7
Ps					2	21	76	21
Hr			1	1	6	4	28	80

Tabelle 8. Dauer = 0.859 s; T = 1.70611

	V	Vc	Klar	Fl	Fg	Trp	Ps	Hr
V	80	40						
Vc	39	73			3	1	2	2
Klar			107	11	2			
Fl		1	16	101	1	1		
Fg	2		9	4	91	3	4	7
Trp	1	1	9	3	1	89	10	6
Ps					3	27	76	14
Hr				1	2	4	26	87

Tabelle 9. Dauer = 1.288 s; T = 1.90300

	V	Vc	Klar	Fl	Fg	Trp	Ps	Hr
V	73	46			1			
Vc	38	75			3		4	
Klar	1		104	12	2	1		
Fl	4	2	9	102	2		1	
Fg	1	3	8	3	94		6	3
Trp	1	1	1	8	3	87	10	9
Ps					1	28	81	10
Hr			1	1	7	2	21	88

Tabelle 10. Dauer = 1.932 s; T = 1.88961

Abkürzungen:

Fg = Fagott
Fl = Flöte
Hr = Horn
Klar = Klarinette
Ps = Posaune
Trp = Trompete
V = Violine
Vc = Violoncello

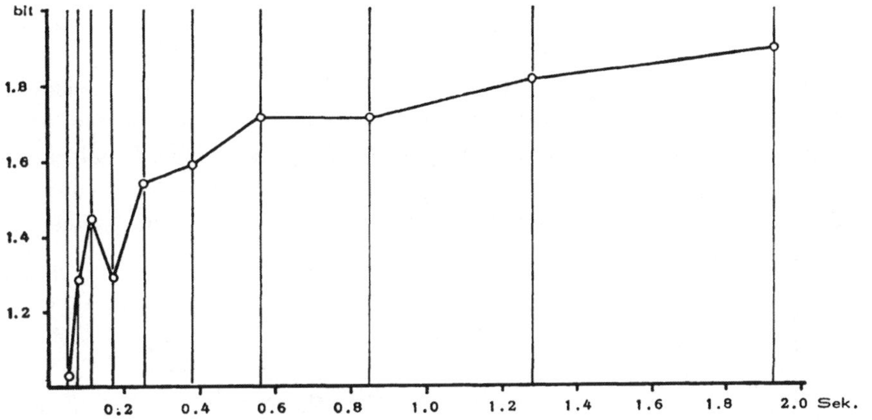

Abb. 1. Übertragene Information T, gemittelt über alle Instrumentenklänge

Zeit in s	Tiefe Lage	Mittlere Lage	Hohe Lage
0.05	1.16262	1.44452	1.10215
0.08	1.59399	1.51325	1.17266
0.11	1.78701	1.77608	1.41538
0.17	1.71718	1.62947	1.30894
0.25	1.88667	1.75357	1.52744
0.38	2.01036	1.88916	1.46097
0.57	1.87796	2.06028	1.69797
0.86	2.03217	1.97413	1.61758
1.29	2.15049	2.11814	1.78546
1.93	2.15940	2.13341	1.73093

Tabelle 11. Werte der übertragenen Information, aufgeschlüsselt nach Lagen

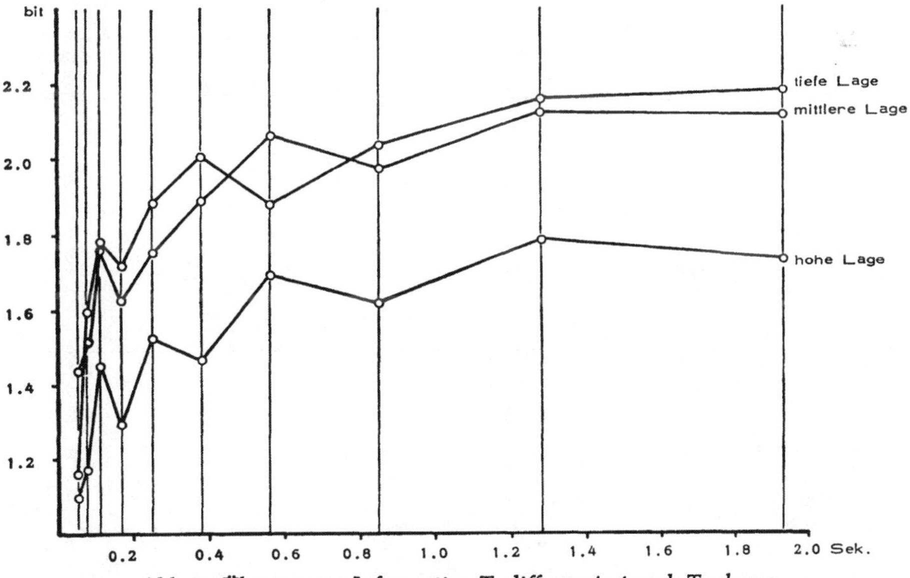

Abb. 2. Übertragene Information T, differenziert nach Tonlagen

Schlüsselt man die Matrizen nach der Lage der Töne auf dem Instrument auf, wird offenbar, daß die T-Werte der ersten Matrix nur ein relativ grobes Raster erfassen, da die übertragene Information für Klänge verschiedener Tonlage auch verschiedenen Gesetzmäßigkeiten folgt (vgl. Tabelle 11 und Abb. 2). Die Ergebnisse werden noch weiter differenziert, wenn man das Unterscheidungsmerkmal „piano – forte" in die Analyse einbezieht (vgl. Abb. 3–5). Auf die Wiedergabe der Verwechslungsmatrizen, aufgeschlüsselt nach den verschiedenen Tonlagen und Dynamikstufen, muß aus Raumgründen verzichtet werden (es sind 90!).

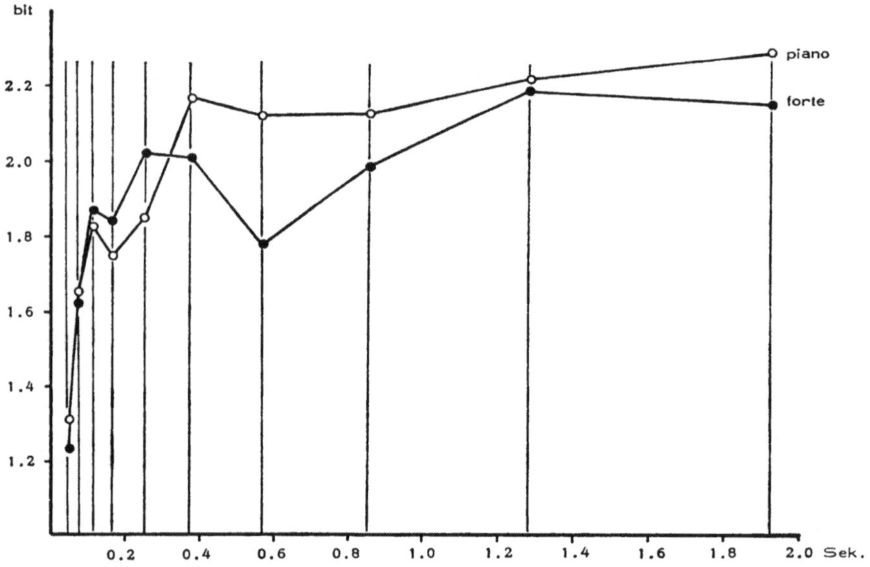

Abb. 3. Übertragene Information T, tiefe Lage, differenziert nach Dynamikstufen

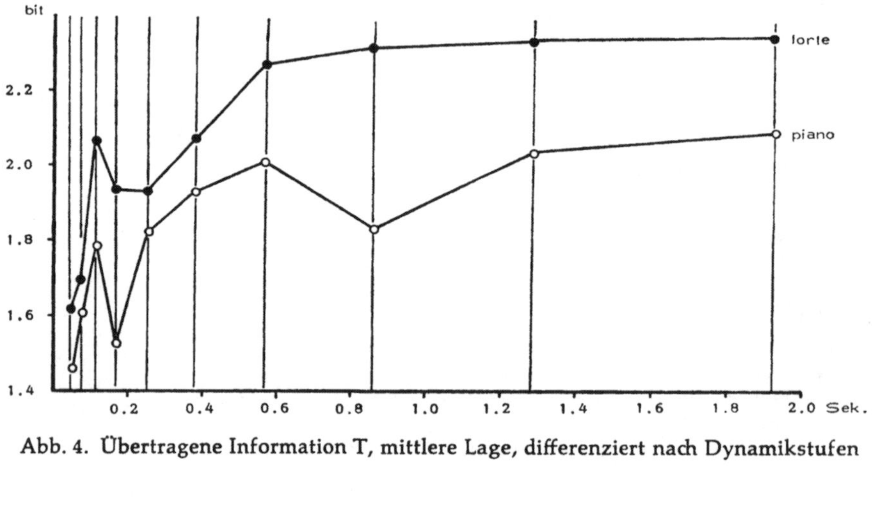

Abb. 4. Übertragene Information T, mittlere Lage, differenziert nach Dynamikstufen

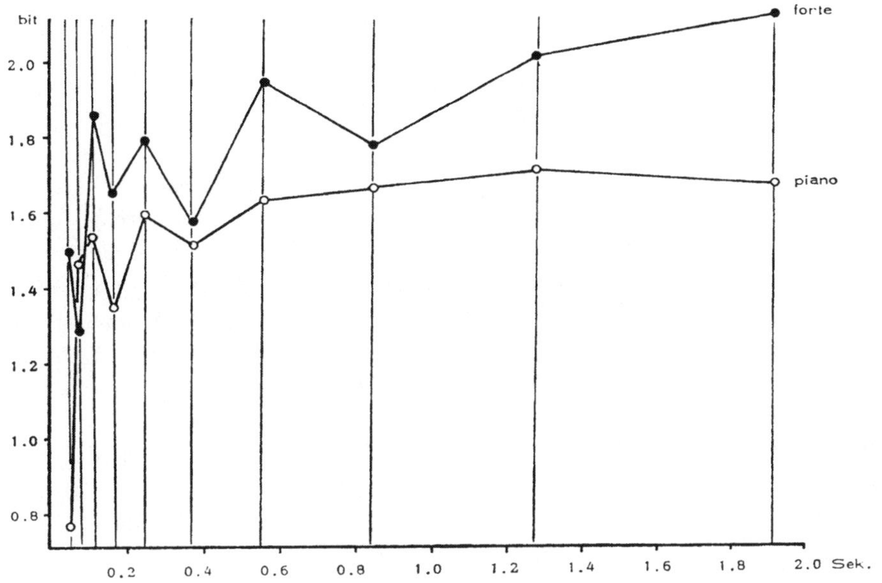

Abb. 5. Übertragene Information T, hohe Lage, differenziert nach Dynamikstufen

DISKUSSION DER ERGEBNISSE

Für die Identifizierbarkeit der Klänge und damit für die übertragene Information T sind 4 Variable relevant: die Darbietungsdauer, die Art des Instrumentes, die Lage der Töne auf den Instrumenten und die Dynamikstufe, d. h. die Stärke, mit der die Instrumente angeblasen bzw. gestrichen wurden.

1. Die Darbietungsdauer

Aus den Abb. 1—5 ist ersichtlich, daß die Kurven der T-Werte zunächst stark anwachsen und sich bei 0.6 s Darbietungsdauer einem Grenzwert nähern. Sie folgen damit ungefähr einer negativ beschleunigten e-Funktion, wie sie in der messenden Psychologie häufig in Erscheinung tritt (freie Assoziation, Lernen usw.). Auffallend ist, daß bei allen Kurven — und, wie aus den Rohdaten zu ersehen ist, bei der Mehrzahl der Instrumente — bei der Darbietungsdauer von 0.16 s ein signifikanter Rückgang der Informationsübertragung zu verzeichnen ist. Dieser Sachverhalt ist schwer interpretierbar; man wird sich mit einer Hypothese zufriedengeben müssen, die allerdings durch nachträgliches Befragen einzelner Vpn einiges Gewicht erhielt. Während sich die Hörer bei den extrem kurzen Tönen vorwiegend an den Klangeinsätzen orientieren, kommt bei längerer Darbietungsdauer als neues Moment der quasi-stationäre Klanganteil hinzu. Da dieser aber naturgemäß bei einer

Dauer von 0.16 s ebenfalls sehr kurz ist, stellt er eher eine Quelle des Irrtums, der Verwechslung als der Orientierung dar.

2. Das Instrument

Aus den Tabellen 1—11 und Graphiken geht eines nicht hervor: die Abhängigkeit der Identifikation von Instrumenten von diesen selbst. Es liegt nahe, daß einzelne Instrumente auf Grund ihrer spezifischen Klangeinsätze und -farben eindeutiger zugeordnet werden als andere. In unserer Auswahl rangiert die Klarinette an erster Stelle (ausgenommen in der hohen Lage). Der Klarinettenklang ist wegen seines Einsatzes und der Konfiguration seiner Teiltöne derart „typisch", daß er selbst bei der kürzesten Darbietungsdauer von 50 ms zu 77 % richtig identifiziert wird; in der mittleren Lage steigert sich dieser Wert auf 92,5 %. Auf die Klarinette folgen die anderen Instrumente in der Rangordnung: Flöte, Trompete, Fagott, Violine, Horn, Posaune und Cello. Die außerordentlich niedrigen Identifikationswerte von Posaune und Cello resultieren daraus, daß diese Instrumente besonders in extrem hohen Lagen leicht mit den ihnen verwandten Instrumenten Trompete bzw. Violine verwechselt werden. Dies ist ein Sachverhalt, der aus den nachträglich vorgenommenen Klanganalysen der betreffenden Klänge auch von der akustischen Klangstruktur her plausibel erscheint.

3. Die Tonlage

Aus Abb. 2 ist ersichtlich, daß Klänge in der tiefen und mittleren Lage im allgemeinen besser identifiziert werden als in hohen Lagen. Der Wert der übertragenen Information liegt bei ihnen um 0.4 bit über dem der hohen Töne. Das dürfte weniger daran liegen, daß man die Instrumente in so hohen Lagen nicht zu hören gewohnt ist, als an der Tatsache, daß die klanglichen Charakteristiken der Instrumente in dieser Lage verloren gehen. Denn während innerhalb eines Musikstückes instrumententypische Melodiefloskeln wesentliche Orientierungshilfen geben, ist man bei der Identifizierung von Einzeltönen lediglich auf den Klang angewiesen; und dieser ist innerhalb der einzelnen Gruppen verhältnismäßig uniform. So werden vor allem das Cello mit der Violine, die Klarinette mit der Flöte und die Posaune mit der Trompete und dem Horn verwechselt. Das c^2 auf dem Fagott streut in der Zuordnung ziemlich gleichmäßig über das ganze Feld. Dagegen wird in der tiefen Lage die Violine häufig für das Cello und das Horn für die Posaune gehalten.

4. Die Dynamikstufe

Im allgemeinen werden forte-Klänge besser identifiziert als piano-Klänge. Bei den Klängen der höchsten Lage weisen die T-Werte nach Erreichen des Grenzwertes Differenzen bis zu 0.45 bit auf (vgl. Tabelle 12 und Abb. 3—5). In der tiefen Lage allerdings scheinen die piano-Klänge eindeutigere Informationen zu übermitteln. Die relativ niedrigen T-Werte der tiefen Lage gehen vermutlich einmal darauf zurück, daß das g-forte der

Zeit in s	Tiefe Lage		Mittlere Lage		Hohe Lage	
	piano	forte	piano	forte	piano	forte
0.05	1.316	1.236	1.476	1.608	0.766	1.475
0.08	1.651	1.614	1.601	1.693	1.453	1.270
0.11	1.835	1.867	1.780	2.069	1.523	1.852
0.17	1.748	1.849	1.518	1.929	1.331	1.638
0.25	1.848	2.023	1.822	1.919	1.595	1.782
0.38	2.162	2.005	1.935	2.078	1.499	1.558
0.57	2.126	1.777	2.013	2.266	1.627	1.946
0.86	2.109	1.986	1.824	2.314	1.657	1.764
1.29	2.201	2.219	2.030	2.337	1.701	2.011
1.93	2.280	2.149	2.099	2.341	1.656	2.109

Tabelle 12. Werte der übertragenen Information, aufgeschlüsselt nach Lagen und Dynamikstufen

Violine häufig für einen Cello-Ton gehalten wird. Zum anderen bekommen vor allem die Töne der Blasinstrumente eine gewisse Starrheit, die eher Assoziationen mit dem Hamburger Hafen erwecken als mit Musikinstrumenten.

ZUSAMMENFASSUNG

Die Zuordnung von 48 Instrumentenklängen verschiedener Dauer, Tonhöhe und -stärke erbrachte folgende Aussagen:

1. Der Informationszuwachs folgt annähernd einer e-Funktion; er erreicht bei einer Reizdauer von ca. 0.6 s einen Grenzwert, jenseits dessen die übertragene Information T nur noch unwesentlich anwächst.
2. Bei einer Darbietungsdauer von 0.16 s läßt die übertragene Informationsmenge plötzlich nach, was vermutlich auf die Umstellung der Aufmerksamkeit der Hörer von der Struktur des Klangeinsatzes auf den stationären Klanganteil zurückgeht.
3. Sowohl die spezifischen Klangfarben der einzelnen Instrumente als auch die Lage und Stärke der Töne üben einen Einfluß auf die Informationsübertragung aus. Tiefe Töne werden im allgemeinen besser zugeordnet als hohe, laute besser als leise.

LITERATUR

Attneave, F.: Informationstheorie in der Psychologie, dtsch. v. H. Richter. Bern.
1965

Doughty, J. M. und Garner, W. R.: Pitch characteristics of short tones. I. Two kinds of pitch
1947 threshold.
In: J. Exp. Psychol. 37, 351—365.

Hughes, J. W.: The threshold of audition for short periods of stimulation.
1946 In: Proc. Roy. Soc., B 133, 486—490.

Hunter, W. S. und Sigler, M.: The span of visual discrimination as a function of time and
1940 intensity of stimulation.
In: J. Exp. Psychol. 26, 160—179.

Licklider, J. C. R.: Basic correlates of the auditory stimulus.
1951 In: Handbook of Experimental Psychology, hrsg. von S. S. Stevens, S. 985—1039. New York.

Meyer-Eppler, W.: Grundlagen und Anwendungen der Informationstheorie. Berlin.
1959

Postman, L., Bruner, J. S. und McGinnies, E.: Personal values as selective factors in perception.
1948 In: J. Abnorm. Soc. Psychol. 43, 142—154.

de Vries, H.: The minimum audible energy.
1948 In: Acta Oto-Laryng. 36, 230—235. Stockholm.

AUSSERMUSIKALISCHER INHALT
MUSIKALISCHER GEHALT

Gedanken zur Musik der Jahrhundertwende*

RUDOLF STEPHAN

Es ist nicht meine Absicht, auf die Auseinandersetzungen zwischen den Ästhetikern der sog. Programmusik und denen der sog. absoluten Musik, also den Verfechtern der Formalästhetik und der Inhalts- oder Ausdrucksästhetik, wie sie im späteren 19. und beginnenden 20. Jahrhundert geführt wurden, einzugehen. Die Argumente beider Parteien sind allbekannt; die Kontroverse selbst ist obsolet und langweilig geworden. Beides war sie wohl auch schon um die Jahrhundertwende. Mindestens wurde sie der damaligen musikalischen Situation nicht mehr gerecht. Die Zuordnung eines erheblichen Teils der bedeutenden Musik der Zeit zu einem der beiden Bereiche, dem der Programmusik oder dem der absoluten Musik, war nicht mehr ohne Willkür möglich; denn weder entsprachen die Symphonien Bruckners und Mahlers einem Ideal absoluter Musik noch der Vorstellung von Programmusik. Von einem unüberbrückbaren Gegensatz war zwar damals noch die Rede, hätte es aber nicht mehr sein dürfen. So haben manche Komponisten ganz bewußt sowohl programmatische als auch absolute Musik komponiert. Allerdings ist es ein bedeutender Unterschied, ob Tonsetzer, wie etwa Saint-Saëns oder Franck, gleichzeitig beide Musikarten gepflegt haben oder ob sie, wie etwa Dvořák oder später, nach der Jahrhundertwende, Reger, von der absoluten Musik zur programmatischen übergegangen sind und dieser Übergang ein für ihre Entwicklung wesentliches Moment darstellt. Dieser Tendenz vom angeblich Konservativen der absoluten Musik zum angeblich Fortschrittlichen der programmatischen, die im Zuge der Zeit zu liegen schien, steht allerdings die Entwicklung des jungen SCHÖNBERG gegenüber, der im Bereich der Instrumentalmusik von der symphonischen Dichtung *Pelleas und Melisande* zur *Kammersymphonie*, vom Sextett *Verklärte Nacht* zum d-moll-Quartett fortgeschritten ist.

* * *

„Der Inhalt der Musik sind tönend bewegte Formen", sagt Eduard Hanslick. Der Ausdruck „tönend bewegte Formen" ist eine schöne Umschreibung dessen, was Lobe (im An-

* Im Februar 1969 als Vortrag gehalten im Staatlichen Institut für Musikforschung im Rahmen der Reihe *Musikwissenschaftliches Kolloquium* unter dem allgemeinen Thema *Musik als historisches Phänomen.*

schluß an Reicha), auf Takte bezogen, Figureninhalt genannt hat. Die Formen sind die Figuren, zu welchen sich die Töne zusammenschließen, die Melodien — noch Wagner sagt einmal: die Form in der Musik, das sei die Melodie —, die Melodien selbst der Inhalt. Dabei wird der Begriff Melodie weitherzig für jede Tonfolge unterschiedslos gebraucht. Aber auch die Harmonien und die Harmoniefolgen sind Inhalt, ebenso wie die Rhythmen ... In diesem Sinne betrachtet, heißt der Satz von Hanslick einfach: Der Inhalt der Musik ist Musik, genauer, der musikalische Inhalt der Musik ist Musik.

Warum aber ‚der musikalische Inhalt'? gibt es auch ‚außermusikalischen Inhalt'? oder ist alles, was unter Umständen als außermusikalischer Inhalt angesprochen werden kann, bloßer Stoff? Texte, die vertont werden — etwa Gedichte oder Libretti —, sind gewiß zunächst einmal Kompositionsstoffe, genau so wie bestimmte vorgeprägte tonsprachliche Gegebenheiten; der Inhalt des Gedichts muß dabei nicht ausschließlich Stoff sein, kann es aber. Faust etwa als Opernstoff oder Symphonievorwurf bleibt bloßer Stoff, anderes, bestimmte Wortfolgen sind zunächst auch Stoff, verwandeln sich aber durch Vertonung, indem sie musikalischen Inhalt stiften, der allerdings zugleich auch ein außermusikalischer ist. Berühmt das ‚nie sollst Du mich befragen' aus dem Lohengrin, das einer musikalisch beschreibbaren Melodie einen für die ganze Komposition (und noch über sie hinaus) bestimmten Inhalt gibt, den seinerseits dann als bloß außermusikalischen zu beschreiben, den Inhalt des ganzen Werkes, der allerdings kein bloß musikalischer ist, verfehlte. Beharrte man darauf, auch solchen Inhalt als außermusikalischen anzusprechen, so beschränkte man den musikalischen ungeschichtlich auf satztechnische Sachverhalte, die unveränderlich sind. Das heißt nicht, daß Inhalte, außermusikalische und musikalische, nicht auch zu Stoff werden können, im Gegenteil, es ist sogar sicher, daß sie es werden, aber nur, indem sie die Tonsprache verändern, d. h. für spätere Kompositionen neues Kompositionsmaterial hinterlassen. Bestimmte Akkorde, Klänge, Klangfarben usw. haben eine auf solche (und andere) Weise entstandene Funktion innerhalb der Tonsprache: Stoff wird zum außermusikalischen und gegebenenfalls auch musikalischen Inhalt, sedimentierte Inhalte gerinnen zu Stoffen oder, anders gesagt, Tonmaterial. Einen Kreislauf wird man es nicht gleich nennen wollen, auch keine ewige Wiederkehr ...

Der Begriff, den wir zur Vermittlung benötigen, um gewisse musikalische Sachverhalte, die noch etwas anderes als musikalische sind, beschreiben zu können — ich will nicht sagen, daß sie mehr sind, denn es geht hier gar nicht um weniger oder mehr —, ist der des ‚Bildes'. Ein Bild kann durch kompositorische Prozedur, die nicht unbedingt musikalische Nachahmung sein muß, zu einem musikalischen Bild werden. Natürlich wird nicht jedes Bild, das im Zusammenhang mit Musik steht, das etwa innerhalb eines musikalischen Werkes erscheint, darum auch schon gleich zu einem musikalischen. Ich möchte das verdeutlichen, indem ich zunächst von zwei Opernszenen kurz berichte. Im Finale des 3. Aktes von MEYERBEERS *Prophet* beschließen die von den Anabaptisten aufgewiegelten westfälischen Bauern, in ihre Metropole, also nach Münster, zu ziehen. Sie haben sich in die Vorstellung eines nahen Sieges, zu welchem, wie sie glauben, Gott sie führen wird, so lebhaft hineingesteigert, daß sie im Vorgefühl eben dieses Sieges bereits Triumphlieder anstimmen. Auf dem Höhepunkt ihres Gesanges geht die Sonne auf. Nicht der Gesang der Bauern, sondern dieser Sonnenaufgang bildet den eigentlichen Aktschluß. Der Sonnenaufgang scheint als ein von Gott gesandtes Zeichen die Siegeshoffnung zu rechtfertigen. Theatralisch bedeutet dieser Sonnenaufgang einfach eine nochmalige Überhöhung des Schlusses: Auf den bereits erreichten musikalischen Höhepunkt folgt noch ein visueller, der dann eine abermalige musikalische Steigerung ermöglicht. Die Sonne erscheint hier nur als Mittel, eine weitere Steigerung, d. h. noch mehr Lärm, zu motivieren. Aber die Hoffnung war trügerisch, und musikalisch ereignet sich eigentlich auch nichts Besonderes.

Eine ganz andere Funktion hat das gleiche Bild, das des Sonnenaufgangs, in der Komischen Oper *Der Kuß* von SMETANA, die mehr als ein Vierteljahrhundert nach dem *Propheten* komponiert worden ist. Im 2. Akt findet sich an zentraler Stelle folgende Szene: Die Schmuggler haben ihre Schmuggelware versteckt und in der Erwartung des anbrechenden Tages rasch den Schauplatz geräumt. Der Anführer der Bande, der als Letzter verschwindet, wird musikalisch durch eine bewegte, lebhafte, auf durchbrochener Arbeit basierende Musik verabschiedet. Dann folgt bei leerer Bühne der Sonnenaufgang. Die Musik, die dieses Naturereignis untermalt und, wie sich zeigen wird, es auch darstellt, ist durch folgende Momente gekennzeichnet (vgl. den Ausschnitt auf S. 96/97):

1. vollständigen harmonischen Stillstand (liegender Klang über einem Orgelpunkt), 2. kontinuierliches, ununterbrochenes Crescendo vom pp zum ff, 3. ständige Erweiterung des Ambitus nach oben, wobei sich eine kontinuierliche Aufwärtsbewegung des oberen Klangrandes, die allerdings nicht als Melodie angesprochen werden kann, ergibt, 4. Beschleunigung der den Klang allmählich belebenden Figuration (vom Achtel über Triolenachtel zum Sechzehntel), also eine zunehmende Belebung des Klanges. Das wesentlichste dieser Momente, das des harmonischen Stillstandes sowie das der Ambituserweiterung, findet sich schon in der berühmten Stelle ‚und es ward Licht' in HAYDNS *Schöpfung* — übrigens hier wie dort wird die Lichterscheinung durch C-Dur dargestellt —, die aber gleichwohl hier nicht als direktes Vorbild in Frage kommt. (Als solches kann man vielmehr ohne Schwierigkeit, was hier einstweilen nur nebenhin gesagt sei, das Rheingold-Vorspiel erkennen.) Der harmonische Stillstand, der hier bei Smetana gekoppelt ist mit dem Wegfallen motivischer Taktfüllung und damit all der Momente, die Taktrhythmik überhaupt erst zur Erscheinung bringen, läßt die Szene als unbelebte, als musikalische ‚Naturszene', erkennen. Die Taktrhythmik, die thematische Arbeit, erscheint in dem Augenblick, in welchem sie suspendiert wird, als Abbild menschlicher Tätigkeit, die Motivik als jenes musikalisch Besondere, das, indem es wegfällt, Naturmaterial zurückläßt, und dieses Naturmaterial ist — wie könnte es auch anders sein — der in sich ruhende Dreiklang, hier sogar, wie gesagt, der C-Dur-Dreiklang. Dieser ruhende und doch bewegte Klang steht in der Opernszene Smetanas im äußersten Gegensatz zu dem Getriebe, das unmittelbar vorausgegangen ist, und der Gegensatz, der hier dargestellt wird, ist eben der zwischen dem (letztlich vergeblichen) menschlichen Treiben und der Ruhe der unnahbaren Natur.

* * *

lein!
klar.
Steffan. (übergiebt Brigitta ein Bündel Waren.)
liebt.
Nä-her schleicht das
p
p
Brig.
L'istesso tempo. Steffan. (für sich)
Morgengrau - en, ich muss fort! Le-be wohl denn!
p
f
Nun gilt's klug es ma-chen, für mich kommt Dank heraus; drum schnell nun Nach - richt für Han - no: dann
p
(verabschiedet sich herzlich u. kurz, dann ab.)
(Brigitta u. Marinka haben bis jetzt
ist sein Zweifel aus!
dim.
f
mit einem grossen Tragkorb zu schaffen gehabt, in den sie später das Paket Steffans legen wollen.)
tranquillo.
p dim.
pp
ppp
pp

(Morgendämmerung)
pp
p
cresc.
cresc.
f cresc.
ff
sfz dim. molto al pp
Brig.
mf
Nun Ma-rin-ka, mir scheint, du wirst lang nicht bei Bri-git-ten blei-ben?
p
Und doch wär' es gut, du ü-ber-leg-test kühl, eh' du Han-no küs-sest.
Mar.
ff
Niemals! Niemals!
sfz

In einem seiner schönsten Bücher, den *Minima moralia*, schreibt ADORNO: *„Die Armseligkeit des Sonnenaufgangs der Alpensymphonie von Richard Strauss wird nicht bloß von den banalen Sequenzen, sondern vom Glanz selber bewirkt. Denn kein Sonnenaufgang, auch nicht der im Hochgebirge, ist pompös, triumphal, herrschaftlich, sondern jeder geschieht schwach und zaghaft wie die Hoffnung, es könne noch einmal gut werden, und gerade in solcher Unscheinbarkeit des mächtigsten Lichtes liegt das rührend Überwältigende"* (1951, S. 202).

Adorno nennt nur einen der Gründe, warum der musikalische Sonnenaufgang in der Alpensymphonie so billig wirkt. Schlimmer noch ist, daß hier etwas einst Bedeutungsvolles, hintersinnig Erhabenes als bloß dekoratives Prunkstück, genauer als eine Art musikalischer Goldrahmen, eingesetzt und verwendet wird. GOETHE hatte für das, was sich bei Strauss entleert und trostlos trivialisiert, als Eröffnungsmusik einer sogenannten symphonischen Dichtung erscheint, noch ein anderes Verständnis: Die Natur ist im zweiten Teil des *Faust* noch durch mythische Figuren belebt. *„Ungeheures Getöse verkündet das Herannahen der Sonne"* heißt eine Regieanweisung im 1. Akt vor dem unvergleichlichen zweiten Lied Ariels:

„Horchet! horcht dem Sturm der Horen!
Tönend wird für Geisterohren
Schon der neue Tag geboren.
Felsentore knarren rasselnd,
Phöbus' Räder rollen prasselnd,
Welch Getöse bringt das Licht!
Es trommetet, es posaunet,
Auge blinzt und Ohr erstaunet,
Unerhörtes hört sich nicht.
Schlüpfet zu den Blumenkronen,
Tiefer, tiefer, still zu wohnen,
In den Felsen, unters Laub!
Trifft es euch, so seid ihr taub."

Goethe mischt hier auf wunderbare Weise die alte Vorstellung der tönenden Sphären mit der mythologischen vom Getöse des Sonnenwagens, auf dem der Gott Phöbus Apollo über das Firmament fährt, ein Getöse, das vom Lärm der die Himmelstore öffnenden Göttinnen, den Horen, verstärkt wird.

Wie soll eine solche Vorstellung auf andere Weise versinnlicht werden, als durch harmonisches Getöse? *„Die Strahlen der Sonne zerteilen die Nacht"* in der *Zauberflöte*, *„...und es ward Licht"* in der *Schöpfung*, *„...und nun die Sonn' geht auf"* im *Oberon* sind nur die bekanntesten Beispiele. Und nun das Gegenteil: Wer kann sich das Rezitativ *„Und von der sechsten Stunde an, war eine Finsternis über das ganze Land"* aus der *Matthäus-Passion* laut gesungen vorstellen?

Tristan kann noch fragen: *„Wie, hör' ich das Licht?"*, aber das ist die Frage eines todwunden, dem Irdischen schon entrückten Mannes, *„in der furchtbarsten Aufregung"*. Wagner kannte Goethe und Novalis — diesem war die pythagoreische Lehre von der Sphärenharmonie aus KEPLERS *Weltharmonik* bekannt —, und er selbst hatte alle alten Vorstellungen sinnreich verwertet.

Die Vorstellung eines tönenden Lichtes findet nicht nur in der Vokalmusik ihren Niederschlag, sondern auch in der reinen Instrumentalmusik. Das brave idealistische Schema per aspera ad astra, das man aller mit triumphaler Apotheose endenden Symphonik seit Beethovens Fünfter unterschoben hat — und dies wahrscheinlich nicht einmal zu Unrecht —, verkam zu äußerster Handgreiflichkeit... so auch das Bild vom Sonnenaufgang. Bei Strauss etwa, dem Adornos Verdikt gilt, dient das Bild nicht mehr dazu, eine alte Vorstellung, deren geistige Quellen wir allen Grund haben zu respektieren, durchscheinen zu lassen: Noch ist das erscheinende Licht der Natur ein Sinnbild des Lichtes der Erkenntnis oder der endlichen Freiheit, noch eines der Hoffnung. Noch geht es irgendwo in die Formkonstruktion ein. Sonnenaufgang und -untergang in der Alpensymphonie haben miteinander kaum etwas zu tun. Es sind Bilder eines Bilderbuches, bloß sie selbst, Stoff; das Ganze: Kinomusik!

* * *

Unter den Instrumentalkonzerten VIVALDIS findet man eine ganze Reihe von Werken, die programmatische Überschriften tragen. Bekannt wurde von derartigen Stücken besonders sein Konzertzyklus *Die Jahreszeiten* und das Flötenkonzert *Der Stieglitz*. Andere Konzerte wiederum verdeutlichen Stimmungen, wie sie in den Opern jener Zeit häufig sind. Zwei Konzerte tragen den Titel *Der Seesturm*, zwei heißen *Die Nacht*, je ein Fagott- und ein Flötenkonzert. Diesem Flötenkonzert kommt in Vivaldis Schaffen eine besondere Bedeutung zu, da es auf die übliche Drei- oder Viersätzigkeit verzichtet und durch Vielsätzigkeit die Konzertform, deren Konstitution Vivaldis Hauptverdienst war, aufsprengt.

Wir sehen also hier im frühen 18. Jahrhundert einen Vorgang, der sich durchaus mit dem um die Mitte des 19. vergleichen läßt. Das Programm oder doch wenigstens die programmatische Festlegung der Ausdrucksbereiche dient dazu, die festgefügte Form zu lockern und eine noch größere Freiheit in der formalen Gestaltung zu legitimieren. Bei Vivaldi ist es die Konzertform, die auf solche Weise modifiziert wird, bei Liszt die Sonatenform. Keinesfalls wird die Form aber aufgegeben. Betrachtet man das Flötenkonzert *Die Nacht* nämlich genauer, so zeigt die tonale Anlage, daß die ersten fünf Sätze nichts weiter sind als verselbständigte Teile eines einzigen großen Konzertsatzes. Sie bilden eine Einheit. Drei langsame Abschnitte umrahmen zwei schnelle. In Charakter und Themenmaterial sind sie allerdings deutlich voneinander abgehoben. Die Largo-Einleitung ist gekennzeichnet durch den vom Orchester festgehaltenen punktierten Rhythmus. Diese Einleitung ist ein dreiteiliger rudimentärer Konzertsatz mit der Folge Tutti-Solo-Tutti. Die rhythmische und thematische Monotonie und die erlesene Harmoniefolge, die auf immer langsamer abwechselnden Baßtönen ruht, sollen wohl die allmählich hereinbrechende Nacht darstellen.

Der zweite Abschnitt, ein mit *Fantasmi* überschriebenes Presto, zeichnet sich durch extravagante Harmonieverbindungen aus und gemahnt mit seinem leidenschaftlichen Affekt an wilde Eifersuchtsszenen in venezianischen Opern. Aber hier, wo kein Festhalten eines bestimmten Affekts erforderlich, ja nicht einmal wünschenswert ist, findet eine bemerkenswerte Wendung des Ausdrucks statt. Formal besteht dieses fantastische Presto aus zwei

Teilen, einem kurzen, aufgeregten g-moll-Teil, der eben durch jene klanglichen Extravaganzen ausgezeichnet ist, und einem dreigliedrigen Modulationsteil, der ganz wie ein Anfangsritornell eines Konzertsatzes gebaut ist.

Dieser leidenschaftliche Satz leitet zu einem lieblichen, ebenfalls modulierenden Largo über, in dem endlich dem Solisten Gelegenheit gegeben wird, kantabel hervorzutreten. Die Begleitung ist vollständig homophon, und die Baßinstrumente schweigen.

Hieran schließt sich abermals ein bewegter Satz an, ein zweiteiliges Presto, dessen erster Teil durch die konsequente Anwendung des Echoeffekts wie ein Dialog wirkt. Der zweite Teil ist ein modulierendes Solo, an dessen Ende abermals das Anfangsmotiv des Presto erklingt.

Der Schlußabschnitt des ganzen fünfsätzigen Eingangskomplexes, das Largo *Der Schlaf*, ist ein schlichter vierstimmiger, nur langsam die Harmonie verändernder Tonsatz, der von den Streichern mit Dämpfer ohne Generalbaßstütze vorgetragen wird. Am Ende dieses Satzes wird endlich die Ausgangsstufe, jetzt freilich als G-Dur, wieder erreicht. Der ungewöhnlich langsame Harmoniegang und das Wegfallen des Generalbasses sind programmatisch motiviert.

Überblickt man den fünfsätzigen Eingangskomplex als Ganzes, so wird erkennbar, daß er mehr den Eindruck einer Sinfonia mit solistischen Einlagen macht, als den eines Konzertsatzes. Es ist anzunehmen, daß der Komponist eben möglichst viele verschiedene Ausdruckscharaktere auf engem Raum nebeneinanderstellen wollte. Es ist nicht zu verkennen, wie sich Vivaldi bemüht, die einzelnen, verschiedenen Ausdrucksbereiche miteinander zu verbinden; wohl vermag er (für unsere Vorstellungen) dies noch nicht vollständig, und so bleibt für uns, die wir über viele musikalische Erfahrungen ganz anderer Art verfügen, namentlich durch die Musik des 19. Jahrhunderts, doch der Eindruck verschiedener nebeneinandergestellter, relativ unverbundener Bilder. Indes erwächst Vivaldi kein Vorwurf daraus, daß er noch nicht vermochte, was man erst 70 Jahre später allmählich auszuführen lernte: die Vermittlung von Kontrasten. Vielmehr muß man zu würdigen versuchen, was er schon erreichte, in einer Zeit, die vornehmlich mit Kontrasten arbeitete und grundsätzlich nicht auf deren Vermittlung, sondern auf ihre dramatische Konfrontierung erpicht war.

Der Sonnenaufgang wird von Vivaldi in diesem Konzert nicht dargestellt; der Übergang von der Nacht zum Tag erscheint plötzlich, der Tag selbst als lebhaftes Getriebe; und dieses wird in einem lebhaften Konzertsatz, der das Finale des Konzerts bildet, wenig charakteristisch dargestellt. (Das soll kein Tadel sein, sondern nur darauf hinweisen, daß eigentlich jeder rasche Konzertsatz Vivaldis diese Funktion übernehmen könnte.)

* * *

Eine sehr entfernte Analogie zu dem Schluß des ersten Teils des Vivaldischen Konzerts — nur in einem Punkt, der für uns hier allerdings von Bedeutung ist — läßt der langsame Satz von Beethovens Pastorale erkennen. Die Vogelkadenz, die so viele törichte Bemerkungen provoziert hat, ist nicht nur eine Koda, in welcher die musikalischen Ereignisse des Satzes nachklingen, sondern zugleich ein Naturbild, das durch die Vogelstimmen als belebtes gekennzeichnet wird: Das Subjekt, das sich der Empfindung überläßt, betrachtet die Natur, ohne sich an sie zu verlieren; Erinnerungen an das Vorangegangene, Kadenzformeln, die aus den Hauptgedanken abgeleitet sind, bilden die Zäsuren, so, als ob der Sinnende, sich erinnernd, aufatmete. Im Bilde Beethovens ist der Betrachter als Empfindender mit enthalten.

Eine analoge Stelle ist die berühmte Episode aus dem Finale der 1. Symphonie von Brahms: Hier bricht das Getriebe der musikalischen Entwicklung ab, und es erscheint ein kontrastierender, in sich ruhender Teil, der als Naturbild durch Flöte (= Hirtenflöte) und Horn (= Alphorn) unmittelbar verständlich wird. Noch sicherer werden die in den Episoden entwickelten Bilder in den ersten Sätzen der 6. und 7. Symphonie von Mahler erkennbar, die der Programmusik wirklich fernstehen: Die Herdenglocken schalten die letzten Zweifel aus.

Läßt Mahler, dessen musikalische Formen so gefügt sind, daß sie Zonen, die in den Ablauf nicht vollständig integriert werden, dulden, die Bilder beinahe unvermittelt stehen, so kann dies Brahms nicht zulassen. Seine Episode erscheint immerhin auf zwei Stufen — in G-Dur und in C-Dur —, um dann mit dem übrigen Satz durch eine stufenreiche Baßführung gegen Schluß verknüpft zu werden.

Sind derartige Naturepisoden oder -bilder nur in einige wenige Symphonien eingefügt, so beginnen viele, die 2., 3. und 4. sowie die 7., 8. und 9. von Bruckner, wohl auch die 1. von Mahler, mit liegenden, gelegentlich in ihrer Klanggestalt veränderlichen, in ihrer harmonischen Funktion aber unveränderlichen Klängen, aus welchen sich das motivisch-thematische Geschehen erst allmählich herausbildet; diese Symphonien enden allesamt mit Apotheosen, in deren Klangfülle das thematische Geschehen, welches das Werk beherrscht hat, untergeht.

Die Entwicklung der Symphonie aus dem noch ungestalteten Naturmaterial, das als „Ton", als Dreiklang, als Quint oder Terz gedacht wird — bei Berg sind es später Geräusche —, und die Auflösung in den Tonschwall der Apotheose entsprechen sich: hier und da ungestaltetes „natürliches" Tonmaterial.

Urbild aller Naturbilder in diesem Sinne ist die erste Szene des Rheingold. In ihr wird greifbar, wie sich aus dem, was als musikalischer Naturstoff gedacht wird, das eigentliche Leben langsam entwickelt. Die einzelnen Stufen werden deutlich: die allmähliche Belebung der noch unerkennbaren Materie, das Erkennbarwerden des Wassers, das Erscheinen der nichtindividualisierten Naturwesen, endlich der Alb, dessen Trieb die Ruhe der Natur stört — das Leben als Störung der Natur, der Sündenfall... Der Weltentag, dessen Inhalt die Tetralogie ist, beginnt. Das mythische Spiel fängt an in den Tiefen des Wassers, in den allesverzehrenden Flammen endet es.

* * *

Hier hat, unmittelbar und ganz ohne Vermittlung von Mahler oder Strauss, SCHÖNBERG mit seinen *Gurreliedern* angeknüpft.

Doch bevor von ihnen gesprochen werden soll, seien noch einmal einige grundsätzliche Bemerkungen erlaubt.

Die Gurrelieder gehören zu einer musikalischen Gattung, die sich nicht einfach beschreiben läßt. Man könnte die Gurrelieder einen Balladenzyklus nennen, aber damit hätte man eher die literarische als die musikalische Gattung bezeichnet. Sie gehören jedenfalls zu einer Gruppe von Werken, die das Erbe des alten Oratoriums angetreten haben, äußerlich durch das Zusammenwirken von singenden und spielenden Ausführenden — größte Besetzung —, inhaltlich durch größten Anspruch. Es ist Weltanschauungsmusik. Inhaltlich wirkt Nietzsche nach, der Monismus usf. Auch in diesem Anspruch, den man durchaus als verweltlicht geistlichen auffassen kann, folgt diese seltsame musikalische Gattung dem Oratorium. An Stelle des biblischen Geschehens ist Naturgeschehen getreten, in welches das menschliche Leben eingebettet ist. Charakteristisch sind schon einige Titel repräsentativer Werke: *Messe des Lebens* (Nietzsche-Text) von DELIUS, *Das trunkene Lied* von FRIED (ebenfalls Nietzsche-Text), *Der Sonne Geist* von KLOSE, *Das dunkle Reich* von PFITZNER. Auch Kapellmeister-Weltanschauung, in welcher sich nationaler Stolz aus der Stammtisch-Sphäre erheben möchte, findet sich gelegentlich, etwa im abendfüllenden *Gloria* von NICODÉ, aber auch seltsam Religiöses, wie etwa in dem Jakobsleiter-Fragment Schönbergs, das inhaltlich durchaus in diesen Zusammenhang gehört. Diese musikalische Gattung hat indessen nicht nur das Erbe des Oratoriums angetreten, sondern auch das der Symphonie. — Schon um 1900 war sichtbar geworden, daß die symphonische Dichtung, wie sie etwa Strauss gepflegt hat, den alten Anspruch der großen Symphonie, nicht nur ein Musikstück zu sein, sondern eine Welt zu repräsentieren, nicht erfüllen kann. Das wichtigste Mittel nämlich — wir sprachen zu Beginn kurz davon — zur Verdeutlichung ihres konkreten Inhalts, der Verwandlung des außermusikalischen Inhalts in musikalischen, stand ihr nicht zur Verfügung: das Wort, genauer, die Möglichkeit, einmal durch die Mittel der Vokalmusik verdeutlichte, konkretisierte Inhalte musikalisch, ohne Zuhilfenahme der Mittel der Vokalmusik, auszukomponieren. Dennoch bleiben in diesen Werken die instrumentalen, d. h. die dann auf die Verdeutlichung verzichtenden, Partien die wichtigsten (oder sie sind doch mindestens nicht weniger belangvoll). Gerade das dürfte den grundsätzlichen Unterschied zur Konzeption Wagners bezeichnen, bei dem ja die instrumentalen Partien stets nur vorbereitenden oder intermediären Charakter haben. Hier, in den neuromantischen Chorwerken — wie ich diese Stücke jetzt einmal nennen will —, verhält es sich gerade umgekehrt. Sie sind eben legitime Nachfahren der großen Symphonik. Große Werke, wie die 8. Symphonie von Mahler, die lyrische von Zemlinsky, tragen ihre Titel ebensowenig zufällig, wie sich *Das Lied von der Erde* zufällig Symphonie nennt.

Für die ganze Gattung sollen hier die Gurrelieder einstehen. Der Gedichtzyklus *Gurresange* von Jens Peter JACOBSEN, das um 1868 entstandene Werk eines Zwanzigjährigen, folgt inhaltlich alten dänischen Sagen. Aber das Wichtigste ist doch wohl Jacobsens Eigentum: die Einbettung der Handlung in das allgemeine Naturgeschehen, die drastischen Anklagen gegen Gott und sein verfehltes Regiment, die Verneinung des traditionellen christlichen Monotheismus zugunsten eines Pantheismus, der noch das Individuum, das sich gegen die unerforschlichen Ratschlüsse auflehnt, umgreift. Die Natur, das war für den sehr erfolgreichen jungen positivistischen Biologen, der Jacobsen damals war, das Höchste. Aber der Erforscher der Natur war zugleich auch ein Träumer, in dem die Natur Bilder aus der Mythologie lebendig werden ließ. Die Gurre-Lieder erzählen die Geschichte zweier oder dreier Nächte, die, obgleich zeitlich weit auseinander liegend, dem Leser oder Hörer zu einer verschmelzen. Zur Zeit der Abenddämmerung blickt Waldemar von Helsingör der untergehenden Sonne nach, also nach Westen, nach Gurre, indes Tove dem aufgehenden Mond entgegenträumt. Sie schaut nach Osten, nach Helsingör. Dann sieht man Waldemar nach Gurre zur Geliebten reiten, die ihn sehnsuchtsvoll erwartet. Waldemars stürmischer Ritt nach Gurre, Toves Erwartung, die Vereinigung der Liebenden, die Vorahnung ihres Todes und ihr Glück: Es ist die Geschichte einer Nacht. Nacht ist es auch, als Waldemar mit seinem Kampfgefährten und seinem Streitroß den Sarg Toves trägt, und Nacht ist es wiederum, als die wilde Jagd, von Waldemar angeführt, losbricht und nach Gurre zieht. Erst als der Morgen naht, sinkt alles Vergangene und Tote zurück ins Nichts. Es ist Johannisnacht, in der des Sommerwinds wilde Jagd zwischen Dämmerung und Sonnenaufgang tobt. Das ekstatische Treiben in dieser Nacht, in der die Natur auf der Höhe ihrer alljährlichen Entfaltung steht, wird von der aufgehenden Sonne beendet. Sie wird zur Reife bringen, was zur Reife bestimmt ist.

Während Jacobsen die Geschichte von Waldemar und Tove als bekannt voraussetzt und nur eine Folge von teils lyrischen, teils erzählenden Gedichten lose aneinanderreiht, erzählt Schönberg die Sage vollständig, allerdings in Tönen. Wer der Erzählung Schönbergs folgen will, muß die Sprache dieser Musik verstehen; sie ist, trotz der bunt schillernden Oberfläche, erst bei einiger Vertrautheit mit dem Werk in allen Einzelheiten wirklich verständlich, erst, wenn sich alle thematischen Gestalten dem Bewußtsein fest eingeprägt haben, so daß ihre Entwicklung, Entfaltung und Durchführung verfolgt werden kann. Die außerordentlich entwickelte Technik der thematischen Verarbeitung und des Zitierens, die Schönberg hier übt, hat ihre historischen Voraussetzungen sowohl in der Wagnerschen Leitmotivtechnik, der Lisztschen Technik der Themenmetamorphosen als auch der klassischen motivisch-thematischen Arbeit. Alle diese Verfahren erscheinen bereichert durch eine außerordentlich kunstvolle Kontrapunktik. Dem gewaltigen Aufgebot an Klangmitteln entspricht ein musikalischer Reichtum ohnegleichen.

Die ersten drei Stücke des ersten Teils — die Instrumentaleinleitung und die beiden ersten Lieder — und das letzte des dritten, das Melodram mit dem Schlußchor, bilden den Rahmen: Es sind Naturstücke. Das Kunstmittel, Natur darzustellen, ist auch hier der in sich ruhende Dreiklang, der nicht irgendwelche Melodien, Themen oder Motive begleitet, sondern für sich selbst, als Inbegriff der keine Auflösung oder Weiterführung erzwingenden Konsonanz, einsteht. Schönberg färbt diesen Dreiklang, den der ersten Stufe von Es-Dur, durch eine hinzugefügte Sext und erhält so die Möglichkeit, aus dem Tonvorrat dieses Akkordes Motive herauswachsen zu lassen, die mehr sind als nur gebrochene Dreiklänge. Der Akkord selbst, der das dreiteilige Orchestervorspiel weitgehend beherrscht, wird so zur Quelle der melodischen Motive, die, anfänglich kaum als solche wahrnehmbar, bereits im dritten und siebten Takt auftreten. Das erste, zunächst ein Motiv der Holzbläser und Harfen, erscheint in dreierlei Maß, das zweite ist ein Trompetenmotiv. Sie bestimmen als die wahren Naturmotive die Rahmenteile des Vorspiels. Die absteigende Trompetenfanfare ist wohl ein Abbild der untergehenden Sonne, denn im den Sonnenaufgang verherrlichenden Schlußchor des Werkes spielt die Trompete — der Chor singt die Worte *„Seht die Sonne"* — das Thema in der Umkehrung, also aufsteigend. Dann wird es zum Eingangsmotiv des die ganze Schlußapotheose bestreitenden Themas. Dazu tritt, analog zur Einleitung, das umgekehrte erste Motiv. (Das Fanfarenmotiv, wie es im Schlußchor erscheint, tritt zum ersten Male, allerdings ohne unmittelbare Konsequenz, als Vorahnung im letzten Stück der wilden Jagd, einem Mannenchor *[III, 7]*, auf. Die in ihr Grab zurücksinkenden Toten ahnen den kommenden Tag, das erwachende Leben, die Sonne, voraus: *„Das Leben kommt mit Macht und Glanz ..."*.) Das eng mit dem Vorspiel verknüpfte erste Lied Waldemars *[I, 1]* basiert auf den gleichen musikalischen Gedanken wie das Vorspiel. Die entscheidende Rolle spielt dabei die vergrößerte Gestalt des ersten Themas. Das unmittelbar anschließende Lied der Tove *[I, 2]* *„O, wenn des Mondes Strahlen leise gleiten"* bringt neues thematisches Material. Alle musikalischen Gedanken dieser beiden Lieder, besonders das charakteristische Eingangsmotiv, sind nichts anderes als Umschreibungen des Tonikadreiklangs; sie sind nach dem gleichen Prinzip aus dem grundierenden Klang abgeleitet wie die Motive der Einleitung. Der in sich ruhende Klang — er wird in diesem Lied allerdings durch ganz andere instrumentale Mittel produziert, durch mannigfach geteilte Streicher und Holzbläser — ist auch hier das Wichtige.

Einleitungs- und Schlußteil der Gurrelieder sind musikalisch aufeinander bezogen: durch Identität des musikalischen Tonmaterials und der Motive. Die Veränderung wird einerseits durch die verschiedenen eingesetzten Mittel erreicht: verschiedene Klanggruppen und Instrumente, hier Orchester, dann Solostimmen, dort Instrumente mit Sprecher, dann Chor; andererseits durch verschiedene Satztechniken: zu Beginn Homophonie, zum Abschluß reiche Polyphonie (Kanon) der Chöre. Zugleich ist der Schluß die freie rückläufige Umkehrung des Anfangs: sinkende Sonne, Verstummen des Treibens, Erwachen der Liebe — Vergessen der Liebenden, Erwachen, steigende Sonne. Die beide Male vorhandene Verschränkung von Erwachen und Auslöschen wird als Differenzierung unmittelbar musikalischer Gehalt.

Derartige Techniken ermöglichen es, daß im Zentrum des Werkes instrumentale und vokale Stücke nebeneinanderstehen. Die große Durchführung der Motive gegen Schluß des ersten Teils vor dem Lied der Waldtaube, die rein instrumentale Erzählung von Toves Vereinigung mit Waldemar und ihrem Tod ist nur möglich, weil die Themen und Motive entsprechend ausführlich exponiert worden sind und der Text, mit dem sie zuerst erscheinen, zum Gehalt des Werkes geworden ist: Toves: *„Nun sag' ich Dir's zum ersten*

Mal, König Volmer, ich liebe Dich!" und Waldemars: *„So tanzen die Engel vor Gottes Thron nicht, wie die Welt nun tanzt vor mir!"* Die kontrapunktische Vereinigung der Themen wird zum sichtbaren Zeichen des Glücks, von welchem der Wohllaut der Musik ohnehin deutlich genug spricht.

Der liegende Klang der Naturbilder, die unmerkliche Veränderung dessen, was man die Naturstimmung nennt, hat in den Gurreliedern bereits zu einer außerordentlichen Differenzierung des Komponierens mit Klangfarben geführt. Der Klang bleibt einigermaßen konstant, aber die Farbe wechselt. Jeder Musiker weiß, daß dieses eine der Grundkonzeptionen von Schönbergs 3. Orchesterstück aus op. 16 ist, in welchem ein vierstimmiger kontrapunktischer Satz durch Klangfarbenwechsel überlagert wird. Der Tonsatztypus „Naturbild" hat also die Ära der Dur-Moll-Tonalität durchaus überlebt, womit allerdings nicht gesagt sein soll, das Stück wäre nichts weiter als ein Naturbild. Das Orchesterstück, das bekanntlich durch eine Stimmung am Traunsee angeregt wurde, hat denn auch später von Schönberg einen darauf hinweisenden Titel erhalten: *Sommermorgen am See.* Schließlich hat Alban BERG in einem seiner Altenberg-Lieder, *Über die Grenzen des All,* dieses All als einen klangfarblich sich verändernden Zwölfklang komponiert. Das musikalische Total als Allegorie des All; und der Gegensatz „Leben und Traum vom Leben" als bloße, scheinhafte Unruhe; so ist der Inhalt des mythologischen Riesenwerks oder das Leben selbst zum Aphorismus konzentriert. Altenberg, der Dichter, würde sagen „wie das Rind im Liebigtiegel".

* * *

Zum Schluß seien einige Bemerkungen zu dem Orchesterlied *Natur* von Arnold SCHÖNBERG nach einem Gedicht von Heinrich Hart angefügt. Das Gedicht, das dem 1904 vollendeten Lied zugrunde liegt, lautet:

„Nacht fließt in Tag und Tag in Nacht,
der Bach zum Strom, der Strom zum Meer;
in Tod zerrinnt des Lebens Pracht,
und Tod zeugt Leben licht und hehr.

Und jeder Geist, der brünstig strebt,
dringt wie ein Quell in alle Welt;
was du erlebst, hab ich erlebt,
was mich erhellt, hat dich erhellt.

All' sind wir eines Baums Getrieb,
ob Ast, ob Zweig, ob Mark, ob Blatt;
gleich hat Natur uns alle lieb,
sie unser aller Ruhestatt."

Das Lied beginnt mit einer von der Trompete vorgetragenen Tonfolge: h' c" b' as' b', wobei as als Grundton des As-Dur-Dreiklanges erscheint, das abschließende b (= ais) als Terz des Fis-Dur-Akkords. Dies ist das Vorspiel. Dann folgt der Vortrag der ersten Gedichtzeile: *„Nacht fließt in Tag und Tag in Nacht"* auf die erweiterte Melodie:

h′ c″ b′ as′ (= gis′), gis′ g′ a′ h′. Diese Melodie ist das genaue musikalische Abbild des Textinhalts. Das Wort „Nacht" und das Wort „Tag" erscheinen stets mit den gleichen Tönen, mit h′ und as′ (= gis′); die Melodie ist also formal geschlossen. Und so, wie der Vorgang der Morgen- und der Abenddämmerung als umgekehrt aufgefaßt werden können, so ist auch die zweite Melodiehälfte die Umkehrung der ersten:

h - c - b - as, zuerst Halbton aufwärts, dann zwei Ganztöne abwärts,
gis - g - a - h, zuerst Halbton abwärts, dann zwei Ganztöne aufwärts.

Aber nicht nur die Melodik, auch die Harmonik ist, wenn auch nicht ganz genau, ‚umgekehrt'. Das h auf das Wort „Nacht" ist stets Quint des E-Dur-Dreiklangs, das gis des Wortes „Tag" stets Terz des gleichen Klanges. In der ersten Hälfte der Versmelodie haben wir die Klangfolge

E-Dur, c-Moll, Es-Dur, E-Dur,

in der zweiten E-Dur, G-Dur, fis-Moll, E-Dur.
In Stufen ausgedrückt: I - VI b - VII - I
I - III b - II - I,
d. h.: stets basiert der 2. Klang auf einer tiefalterierten Stufe, der VI. oder III., stets ist der der „Nacht" näherstehende der beiden mittleren Klänge ein Mollklang.

Der gedankliche Inhalt des Textes geht, ebenso wie die Wortfolge, in die Musik ein und konstituiert den musikalischen Inhalt als Summe der Tonanordnungen und mit ihm zusammen den künstlerischen, also auch den musikalischen Gehalt.

ZUSAMMENFASSUNG

Für die Interpretation derjenigen inhaltlichen Momente, welche über das im Hanslickschen Sinn streng Musikalische hinausgehen, eignet sich der Begriff des „Bildes". Damit läßt sich die interpretierende Funktion musikalischen Geschehens durch die ihm immanenten Symbolgehalte gegenüber bloßer Nachahmung oder Überhöhung abgrenzen. Diese These wird an Beispielen der musikalischen Literatur des 18. bis 20. Jahrhunderts erprobt, um zu zeigen, daß nur dann, wenn nicht allein das unmittelbare Handlungsgeschehen einer literarischen Vorlage, sondern in erster Linie deren gedanklicher Inhalt in die Symbolsprache der Musik eintritt, mit Recht von außermusikalischem Inhalt innerhalb der musikalischen Form gesprochen werden kann. [R.]

ÜBER FUNKTIONALE UND ÄSTHETISCHE MUSIKKULTUR

TIBOR KNEIF

Carl Dahlhaus zu eigen

I.

Die vielbeachtete Kontroverse, die um die Mitte der fünfziger Jahre über die politisch schwer belastete Vergangenheit wie über den erzieherischen Nutzen der musikalischen Jugendbewegung in Deutschland geführt wurde, warf Probleme auf und ließ Folgerungen zu, welche den mißlichen Stand der Musik heute insgesamt betreffen. Daß es dennoch unterblieb, Einsichten in letzteren anders als unverbindlich zu formulieren, liegt wohl daran, daß die Diskussion bis zuletzt den Charakter von Fehde und Abrechnung behielt, den ihr zwei musikpolitische Gruppen von Anbeginn beigemischt hatten, weiter an dem Umstand, daß der Streit zwischen ungleichen Parteien entbrannte und endete. Davon vermochte die eine sich über den eigenen theoretischen Standort nicht recht Klarheit zu verschaffen, geschweige sich über ihn zu erheben. ADORNOS (3/1963, S. 62—101) treffsichere *Kritik des Musikanten* erweckte keine Replik, die ihr an sachlicher Begründung wie an feiner Maliz ebenbürtig gewesen wäre; sie blieb überdies der einzige Beitrag, dem die Tendenz zur Fortführung und Ausweitung innewohnt. Mancher Wink des streitbaren Theoretikers der Schönberg-Richtung, in welchem die einschlägigen Gegenargumente, geistvoll verhüllt, bereits an den Widersacher herangetragen waren, begegnete keiner kongenialen Streitlust; somit besitzen Adornos herausfordernde Thesen noch heute den falschen Anschein von Unanfechtbarkeit. Dem Prinzip dialektischer Vermittlung angemessen wären die Wortführer der musikalischen Jugendbewegung gefolgt, hätten sie zuletzt auch ihre Gemeinsamkeit mit der Avantgarde in deren anfänglichen Zielsetzungen postuliert und dem ahnungslos Triumphierenden den Satz eingeprägt, daß selbst nach einer Niederlage im Bruderzwist die Verwandtschaft des Blutes fortlebt. Seit vielen Jahren indes setzte sich so viel Abgelebtes und Unwesentliches im Eigenverständnis der Jugendbewegung fest, daß ihr die Erinnerung verlorengegangen zu sein scheint, sie habe noch vor einem halben Jahrhundert, als sie es wirklich mit Jugend zu tun hatte und sich gegen pädagogische Bevormundung sträubte, der Schönbergschen Reform gleichrangig gegenübergestanden, im Blick auf stichhaltige Gegenwartsanalyse nicht minder als auf ihre Erfolgsaussichten. Gemeinsamkeit herrschte zwischen ihnen vornehmlich in der Beurteilung des verflachenden Musiklebens.

Ihre ersten Impulse verdanken beide Richtungen dem wachsenden Unbehagen am Konzertpublikum und an dessen eingeschliffenen Hörweisen um die Jahrhundertwende. Nicht aus dem verbrauchten Bestand satztechnischer Mittel allein leitet sich das Sinken von Hör-Erwartungen, auch des durchschnittlichen Schaffensniveaus, im ausgehenden neunzehnten Jahrhundert her; vielmehr geht der Höhenverlust auch auf die Umstrukturierung der Hörerschicht zurück. Sie hatte sich infolge des Eindringens von bildungsmäßig bis dahin stimmenlosen Randgruppen vollzogen. Für die naheliegenden Gefahren der Nivellierung wurde dieser nicht singuläre, überdies in demokratischer Absicht gutzuheißende Umschichtungsvorgang verantwortlich gemacht, mit der weitreichenden Folge, daß den theoretischen Ratschlägen wie praktischen Versuchen, der Vermassung und Entpersönlichung im Musikleben entgegenzuwirken, von Anfang an eine Abwehr von Masseneinflüssen und die Tendenz zur sozialen Abkapselung zugrunde lag. Unter den musikreformatorischen Vorschlägen der Zeit verschaffte sich die Erwägung keine Geltung, der massenhaft aufgedunsene Konzertbetrieb möge erst einmal als eine Zugangsweise hingenommen werden, die einem Übergangsstadium von um sich greifender Industrialisierung gemäß ist, um ihn allmählich mit mehr persönlichem Inhalt zu erfüllen. Zur Überwindung des heruntergekommenen Umgangs mit Musik wurden vielmehr Modelle befürwortet, welche den Schwierigkeiten des musikalischen Massenbetriebes in abstrakter Weise auswichen, indem man in ihnen sogleich gegen das anonyme Hörverhalten zu Felde zog und ihm das intimere Musizieren entgegensetzte. Als ein solches Modell innerhalb der Jugendbewegung diente die Gemeinschaftsform. Die verklärte Erinnerung an sie zehrte von dem Gegensatz zur abgewerteten „Gesellschaft". Nicht minder negativ wurden die musikalischen Auswirkungen der Massendemokratie von der Schule Schönbergs eingeschätzt: Gegen sie erhob sich die Stimme des einsam protestierenden Subjekts, nicht das verinnerlichte Gemeinschaftsgefühl, wiewohl der 1910 ins Leben gerufene *Verein für musikalische Privataufführungen* Züge der Clique, des städtischen Seitenstücks zur vorindustriellen Gemeinschaft, aufweist. Charakteristischerweise wurde an den engen Hörerkreis die Empfehlung erteilt, von Bekundungen des Gefallens und Mißfallens abzusehen und die herrschende Publikumsreaktion auf diese Weise fernzuhalten — die Verwechslung von Ursache und Symptom liegt hierbei auf der Hand.

Daß Musik nicht für alle da sei, wird von dieser Seite ausdrücklich postuliert und mit geschichtlichen Hinweisen belegt. Die Beweiskraft der herangezogenen Beispiele mag zwingend sein oder nicht: Problematisch erscheint in jedem Fall die retrospektive Rechtfertigung von Elitekunst aus einer Vergangenheit heraus, auf welche das aufgeklärte Individuum dieser Partei sonst souverän herabzublicken pflegt. Das stärkste Argument hingegen, welches zur Rechtfertigung avancierter Musik dienen kann, bleibt merkwürdigerweise ungenutzt: der Hinweis auf den gesellschaftlichen Zwang zur Spezialisierung auch im musikalischen Bereich — ungenutzt vermutlich deshalb, weil der vielberufenen Würde und der schwebenden Freiheit des hier gemeinten Geistes die nüchterne Rücksicht auf innermusikalische Konkurrenz und Spezialisierung nicht recht anstehen würde. Avancierte Musik, ein vernünftiges Produkt gesellschaftlicher wie künstlerischer Arbeitsteilung, wird somit, ihrem objektiven Sinn zuwider, nicht als Funktion der Massengesellschaft selbst, sondern als eine Stätte der Zuflucht aus ihr begriffen. Während sie in Wirklichkeit dem organisierten Massendasein zu Diensten steht und ohne dessen Kommunikationsweisen zur Unwirksamkeit verurteilt ist, schleppt sich in ihrer Ideologie das demokratiefeindliche Motiv von ehedem zugespitzt fort.

Die Verwandtschaft von Avantgarde und musikalischer Jugendbewegung, die ohnehin beide Parteien von sich weisen, wird weiter verdunkelt dadurch, daß die politischen Ereignisse in den zwanziger und dreißiger Jahren sie in die entgegengesetzten Positionen der Verfolgten und der Machthaber gedrängt haben. Kann es auch nicht zweifelhaft sein, auf wessen Seite das Mitgefühl derer liegt, die von jener unseligen Polarisierung nicht betroffen sind: Man wird dennoch ein Stück dialektischer Gerechtigkeit dem Paradox zubilligen, daß gegenüber den Exponenten der neuen Musik, trotz Unterdrückung und Emigration im Dritten Reich, ausgerechnet die Jugendbewegung den Vorwurf undemokratischer Gesinnung geltend macht. Die Vorhaltung braucht nicht einmal auf Heuchelei zu beruhen, denn von ihrer Entstehung an orientierte sich die Jugendbewegung an einer Neuordnung des Zusammenlebens, statt an einer von Tönen. Für längere Zeit erhielt sie die Illusion lebendig, sie werde sich aussichtsreicher zum demokratischen Dasein vorbahnen als die Avantgarde Schönbergs, die unbekümmert um soziales Gewissen die Einkehr zur Immanenz des Musikwerkes verkündete.

Gemeinsam ist den Streitenden auch der Zug, vereinzelte Teilgebiete der musikalischen Sphäre mit Sorgfalt durchzubilden und die Zufallsbedingtheit des Gesamtgeschehens als einen Umstand, der bedauerlich ist, für sich zu belassen. In der Jugendbewegung bekundet sich dies auf die Weise, daß ihr Augenmerk sich auf emsige Geschäftigkeit, auf das Drauflosmusizieren heftet, wobei der Rang der gespielten Werke nur nebenbei berücksichtigt wird: Der als Naturgewalt gepflegte Musizierbetrieb bemächtigt sich ohne Distanz seines Gegenstandes. Ebensowenig ist der Schönbergsche Kult mit dem durchorganisierten Werk gegen den Verdacht von Unvernunft gefeit, so sehr Irrationalität ausschließlich dem Gegner zugeschoben wird. In einem der dichterisch geglückten Vergleiche ADORNOS in der *Philosophie der neuen Musik* (2/1958, S. 126) erscheint die avancierte Komposition als eine Flaschenpost, der darin eingeschlossene Gehalt als das Versprechen an eine kommende, bessere Menschheit. Im heraufbeschworenen Bild einer Zwangssituation, in der Vorstellung von geistiger Ohnmacht angesichts des blinden Naturgeschehens geben sich Angst und Resignation zu erkennen. Seltsam, daß die Metapher während der gleichen Jahre von Emigration entstand, als Thomas MANNS geistesgeschichtlicher Schlüsselroman *Doktor Faustus* beides, die nach dem *Zupfgeigenhansl* musizierende Wandergruppe und den in künstlerische Kabbalistik flüchtenden Komponisten, bereits als zwei Seiten einer verkehrt formulierten Alternative nachzeichnete.

Weder in der Absolutsetzung des Werkgefüges noch in der Beschäftigungstherapie mit Musizieren geht das Eigentümliche der gegenwärtigen Musikkultur auf. Daß sie beide als unversöhnliche Gegensätze empfunden werden, zeugt selbst schon von der Verstrickung, in welcher sich letztere augenblicklich befindet. Beide standen bereits in der Antrittsvorlesung von Heinrich BESSELER (1925, S. 35—52) zur Erwägung, als darin das „umgangsmäßige" und das „eigenständige" Musikhören einander gegenübergestellt wurden. Beim ersteren stehe eine die Person in ihrem vitalen Kern ergreifende Tätigkeit wie Arbeit, Entspannung und Tanz im Vordergrund. Die Musik stelle hier eine Randerscheinung dar, die nicht eigens beachtet, sondern lediglich vermißt wird, wenn sie ausfällt; sie gehe zumeist im Dienst einer sozial, politisch oder religiös übergeordneten Handlung auf. Letzteres dagegen, das eigenständige Hören, trage der ästhetischen Gegenständlichkeit von Musik Rechnung und konzentriere sich in der Hauptsache auf sie. In den weiteren Ausführungen Besselers wird der scheinbar analoge Gegensatz zwischen selbsttätigem Musizieren und passivem Zuhören überpointiert, wodurch der weit wichtigere und zuvor scharf beleuchtete Unterschied zwischen umgangsmäßigem und eigenständigem Musikhören wieder verblaßt. Denn ein Musikwerk wandelt sich nicht schon deshalb in eine „Darbietungsmusik" um, weil seiner Aufführung auch solche beiwohnen, die selber nicht musizieren. Die vorgespielte Musik im adeligen Salon des achtzehnten Jahrhunderts diente, je nachdem wie ihr verschieden intensiv zuhörende Anwesende folgten, bald zur Unterhaltung beim Kartenspiel, bald zum Gegenstand eigens darauf gerichteter ästhetischer Kontemplation. Im bürgerlichen Heim der Renaissance gibt das Madrigalsingen nicht dadurch, daß an ihm alle Anwesenden mitwirkten, schon die Gewähr dafür, daß es sich um einen rein geselligen, ästhetisch neutralen Akt handelte. Anhand einer Beschreibung des äußeren Verhaltens, das eine Gruppe an den Tag legt, läßt sich der von Besseler formulierte, für das Verstehen einer Sozialgeschichte der Musik noch immer fruchtbare Unterschied kaum aufzeigen. Die empirisch gleiche Verteilung von Ausführenden und von denjenigen, die am Vortrag unmittelbar nicht beteiligt sind, erhält eine andere Bedeutung in Abhängigkeit davon, ob die Musik von den Anwesenden als Begleitmotiv eines sozial überwölbenden Ereignisses registriert oder als das Hauptgeschehen selbst erlebt wird. Solche Unterscheidung stützt sich nicht auf Daten, die dem Gruppenverhalten ablesbar wären, sondern auf die bewußtseinsmäßige Einstellung der Angehörigen. Im Falle des umgangsmäßigen Hörens läßt sich analytisch eine Orientierung an Musik zergliedern, die dem funktionalen Musikbewußtsein eigen ist. Andernfalls wird unter Bedingungen des ästhetischen Musikbewußtseins gehört.

II.

In der funktionalen Kultur tritt die Musik nicht kraft ihrer sinndurchwobenen Gegenständlichkeit hervor. Vielmehr rechtfertigt sich ihr Dabeisein, ihr Erklingen durch ein paralleles Geschehnis, das tiefer als sie in der kollektiven Lebensbewältigung wurzelt. Trotz ihres akzessorischen Daseins ist sie schon auf dieser Stufe nicht etwa unförmiger Schnörkel, ein zufälliges Produkt des Augenblicks, in welchem sich ihre Unselbständigkeit manifestiert. Auch als ein Gebilde, dem von seiten des Wahrnehmenden kein Eigengewicht beigemessen wird, weist die funktional vorbestimmte Musik Merkmale sorgfältiger Formung auf. Sie wurde in den vielerlei Möglichkeiten, Beziehungen unter den Teilen zu stiften, seit den Anfängen des einstimmigen Gesanges erprobt; doch die Fortführung solcher Techniken und deren Verselbständigung zum Handwerk geschah nicht in der Absicht, dem Musikwerk einen ästhetischen Sonderbereich zu sichern. Im Gegensatz hierzu macht die Musik unter Bedingungen der ästhetischen Kultur den Anspruch geltend, in ihrer Gegenständlichkeit gewürdigt zu werden und die Aufmerksamkeit der Anwesenden ausschließlich zu besetzen.

Beide Kulturausprägungen sind Glieder eines geschichtlichen Vorganges, auch wenn ihre zeitliche Abgrenzung nicht umstandslos vollzogen werden kann. Anzeichen von ästhetischer Reflexion, die sich durch das Gewahrwerden der innermusikalischen Beziehungen kennzeichnet, finden sich auch inmitten einer funktionalen Kultur, während umgekehrt manche Musikwerke auch später mit der außerkünstlerischen Sphäre von psychischer Entspannung, Repräsentation und sozialer Geltung verhaftet bleiben. Die Bewegung von funktionaler zu ästhetischer Musikkultur stellt sich als ein verschlungener und die letzten Jahrhunderte europäischer Musikgeschichte beherrschender Vorgang dar, aus dessen Frühe einerseits, seinem gegenwärtigen Fortschreitungsgrad andrerseits sich der Inhalt rechtfertigt, der in dem idealtypisch pointierten Gegensatz enthalten ist. Weil das Hinrücken von Musik zum künstlerischen Eigenbereich nicht gleichmäßig, sondern in Schüben, etappenweise, vonstatten ging, bietet sich der Kontrast beider musikalischen Kulturformen verschieden deutlich in ihrem Nebeneinander dar, am anschaulichsten im sechzehnten und achtzehnten Jahrhundert. Es kam somit nicht von ungefähr, daß die musikalische Jugendbewegung bald auf die Renaissance, bald auf die Zeit zurückgriff, welche der Romantik unmittelbar voraufgegangen war, um Vorbilder für ihre Erneuerungsparolen zu finden. Dazu berufen, das Reformprogramm noch mehr einzuschärfen, unterliefen den allzu direkt gezogenen geschichtlichen Analogien mitunter Zurechtbiegungen und Verzerrungen, etwa wenn die konzertante Satztechnik des Barock zum Paradigma für kameradschaftliche Bewährungsproben erklärt und der polyphone a-cappella-Stil der Renaissance in einen Ausdruck der innerlich ausgefüllten Gleichberechtigung von Gemeinschaftsgliedern — später hieß es kürzer Gleichschaltung — umgedeutet wurden (JÖDE 1923).

Gewaltsamkeiten dieser Art bei Jöde, Wyneken und ihren Anhängern warnen davor, musikgeschichtliche Sachverhalte unverbindlich zu soziologisieren. Die Merkmale, wonach eine Musik primär funktional oder aber ästhetisch genannt werden kann, schlagen sich, entgegen dem populären musiksoziologischen Aberglauben, kaum direkt in deren Satztechnik nieder. Gegen die erwähnte Gleichsetzung von Vokalpolyphonie mit Gemeinschaftssinn ließe sich der sprichwörtliche und auch im Musikleben vielfach belegbare Individualismus der Kulturträger während der Renaissance ins Feld führen; in *Oper und Drama* schrieb Richard WAGNER (6/o. J., S. 161/162) darüber sogar: *„Der Kontrapunkt, als erste Regung des immer klarer auszusprechenden reinen Individualismus, begann mit scharfen, ätzenden Zähnen das einfach symphonische Vokalgewebe zu zernagen, und machte es immer ersichtlicher zu einem oft nur mühsam noch zu erhaltenden künstlichen Zusammenklang innerlich unübereinstimmender, individueller Kundgebungen."* Statt der gesellschaftlichen Implikation von Musik selbst, welche sich nur willkürlich festlegen läßt, steht allein der Stellenwert der Musik im gesellschaftlichen Bewußtsein zur Erwägung. Ebensowenig gibt der kompositorische Rang Aufschluß über deren Zugehörigkeit zur funktionalen respektive ästhetischen Kultur. Weder rechtfertigte es sich demnach, ehemals funktional bewährte Musikwerke allein deshalb aus einem nach künstlerischen Kriterien eingerichteten „imaginären Museum" der Tonkunst auszuschließen, noch bietet eine ästhetisch wertende Umgebung Gewähr dafür, daß der Komposition, die in ihr entstanden ist, künstlerisches Gewicht zukommt. Dies mag am zeitgenössischen Verhalten zur venezianischen Oper veranschaulicht werden, zu einer stilistisch mit Sondermerkmalen ausgestatteten Gattung — man denke etwa an das mehrstimmige Rezitativ —, die von der Historie als musikalische Sonderleistung innerhalb der Operngeschichte des siebzehnten Jahrhunderts gewürdigt wird. Demungeachtet nahmen die Berichte des Pariser *Mercure galant* so gut wie keine Notiz von der Musik, und nicht einmal der Name des Komponisten schien erwähnenswert; dafür enthielt die Korrespondenz um so ausführlichere Schilderungen über das Bühnenbild, die Kostüme und die Maschinerie. Dieses Schweigen besagt über die Bedeutung der Musik dennoch nicht das Geringste, und auf den *„erschreckenden geistigen Tiefstand der französischen Hofgesellschaft"*, an die sich die Zeitungsberichte wandten, kann aus ihm ebensowenig geschlossen werden (Wolff 1937, S. 29). Daß die Vorstellungen in Venedig auch Musik umfaßten und diese den Anforderungen der Gattung Genüge geleistet hatte, verstand sich für den französischen Leser vielmehr von selbst. Der bezeichnende Umstand, daß er sich mit solcher stillschweigenden Ergänzung begnügte, ist für den historisch Interessierten heute ebenso mißlich wie dem funktionalen Musikbewußtsein von ehedem angemessen.

Der herangezogene historische Fall läßt vermuten, daß mangelnde Ausgeprägtheit der ästhetischen Wertung sowohl wie primäre Beachtung der Gattungszüge statt des konkreten Werkes miteinander verwandte Folgeerscheinungen sind, die sich aus einer funktionalen Musikkultur ergeben. Wo noch Gattungsingredienzien das musikalische Bewußtsein beherrschen, ist die ästhetische Urteilsbildung nicht zur Reife gediehen, denn nur dem Einzelwerk haften Eigenschaften an, deren Berücksichtigung zum ästhetischen Urteil führt. Das Aufkommen der Musikästhetik ließe sich an dem Weg aufzeigen, den die Einzelkomposition während der letzten Jahrhunderte von einem fürs Ganze einstehenden Indiz zu einem in sich ruhenden Kosmos hin zurücklegte. Die Übermacht der Gattung gegenüber ihren empirischen Verwirklichungen in der funktionalen Kultur gründet sich auf die starre Zuordnung von Musik zu sozialen Anlässen und Lebensbezirken. Die Gattung impliziert bereits den gesellschaftlichen Umkreis, in welchem das Werk erklingt: die aus zeitgenössischer Sicht vorgenommene Auffächerung in Oper, Kirchen- und Kammermusik trug der Verzahnung von sozialer Eignung und Satztyp Rechnung. Das einzelne Werk kam in demjenigen Aufführungsrahmen zur Geltung, den ihm die Gattung zuwies. Eine vertonte Messe erheischte den sakralen Ort, um zu erklingen, eine Bühnenmusik das Opernhaus, eine Tafelmusik die Mahlzeit, eine Intrada den festlichen Einzug anläßlich einer Empfangszeremonie.

Daß die individuelle Ausformung des Werkes vom Komponisten selber nicht angestrebt war, verrät sich im allgemeinen Brauch der Barockzeit, Stücke ein und derselben Gattung serienweise, in der Regel zu einfachen oder multiplizierten Sechsergruppen zusammengefügt, in den Druck zu geben. (Nicht fremd war diese Gepflogenheit auch in der zeitgenössischen theoretischen Literatur: Die Jahrgänge von MATTHESONS *Critica Musica* z. B. enthalten je zwölf „Stücke".) Corellis Hauptveröffentlichungen bestehen aus je zwölf Konzerten, und Bach hat die Sechszahl bei den Brandenburgischen Konzerten, den Werken für Solovioline, den Suiten für Violoncello und den Sonaten für Violine und Klavier beibehalten. Hinter dem handelsüblichen Kontingent trat die Einzelkomposition bescheiden zurück und gab sich unumwunden als „Dutzendware" zu erkennen. Adam FALKENHAGENS *Erstes Dutzend erbauungsvoller geistlicher Gesänge* aus der Mitte des achtzehnten Jahrhunderts mag belegen, daß an solcher Einstufung ihrer Werke die Komponisten keinen Anstoß nahmen. Nicht nur das Einzelwerk blieb indes unselbständig gegenüber der Gattung. Auch durch die Zusammenfügung mehrerer Stücke zur Sammelindividualität erwuchs diesen keine größere Freiheit gegenüber der Gattung. Innerhalb der Sammelpublikation herrschte der Grundsatz mehr oder minder beliebiger Addition, nicht derjenige zyklischer Abrundung. Die Tendenz zu letzterer setzte indessen noch vor 1800 ein und verschaffte sich zunächst in außermusikalischem Betracht Geltung. Die Zusammengehörigkeit der Kompositionen innerhalb einer Reihe wurde durch erfinderische Motive hervorgehoben, etwa durch das Prinzip der gleichschwebenden Temperatur bei Johann Sebastian Bach, ferner durch die Analogie zu Zeitzyklen, so zum Kirchenjahr bei Kantatensammlungen, zu Jahreszeiten bei Vivaldi, zu Monaten in Gregor WERNERS *Curios-Musicalischem Instrumental-Calender* von 1748 oder zu Tageszeiten bei HAYDNS Symphonien *Matin, Midi* und *Soir*. Die schier unerschöpfliche Varietät solcher Abrundungskniffe mögen Johann Caspar FISCHERS aus Suiten bestehender, mit den Musennamen überschrifteter *Musicalischer Parnassus* von 1738 und Johann Abraham SCHMIERERS in zwölf Stücken vorgestellter *Zodiacus* von 1698 weiter veranschaulichen. Wie die hier waltende Absicht, mehrere Teile zum Ganzen zu verweben, nicht nur durch äußerliches Herantragen literarischer Ideenverbindungen forciert, sondern auch durch Motivgemeinschaft, allein mit musikalischen Mitteln, erreicht wurde, zeigt der Suitentypus des achtzehnten Jahrhunderts. Auch die Operngeschichte bezeugt den Wandel zur Vereinheitlichung der musikalischen Substanz. Wagners Ring verkörpert den bekanntesten Versuch dieser Art.

Verdankten stilistische Begleitmerkmale einer musikalischen Gattung ihre Beständigkeit dem festgefügten sozialen Rahmen, in welchem die Werke heimisch waren, so zerfaserte sich jede Definition der Gattung, und die Ausrichtung an letzterer selbst wurde problematisch, sobald Marktgesetze der Waren- und Geldwirtschaft in die ehemals abgegrenzten Lebenssphären eindrangen und sie einander sich angleichen ließen. Die Bindung der Gattung an die gesellschaftliche Matrix lockerte sich und verwischte sich allmählich ganz. Im Zuge dieses Vorganges, der im ausgehenden Mittelalter einsetzte, traten Werkgruppen hervor, welche sich auf den Schmelzlinien zwischen benachbarten sozialen Bezirken ansiedelten und zwei angrenzende Lebensbereiche nunmehr — kompositionstechnisch — ineinander übersickern ließen. Eine der charakteristischen Hervorbringungen dieser Aufweichung ist die flämisch-niederländische Chansonmesse. Von ihrer gesellschaftlich determinierten Umhüllung entfremdete sich eine Gattung etwa in der Weise, daß ihre klangliche Realisation einem inadäquaten Vermittler anvertraut wurde. Pierre ATTAINGNANTS 1531 veröffentlichte *Tabulature* etwa, die Transkriptionen von Messesätzen für Spinett und Klavichord enthält, nicht minder die beliebten Arrangements von Liedern und Chansons für die Laute um die gleiche Zeit, nehmen jene weiter vorangetriebene Angleichung der Gattungen im neunzehnten Jahrhundert vorweg, für welche der Opernklavierauszug auf dem Klavierpult des gutbürgerlichen Zimmers gleichnishaft werden sollte. Wie die Symptome funktionaler und ästhetischer Kultur zuvor, während des siebzehnten und achtzehnten Jahrhunderts, nebeneinander bestanden und sich überlagerten, so wird in der Kompositionspraxis sichtbar, wie man Teile aus eigenen oder fremden Werken in eine jüngere Komposition aufnimmt und die ursprüngliche Besetzung ändert, Vokalmusik in instrumentale und diese in jene umprägt. Im Blick auf ihre Verwendbarkeit waren die Kompositionen bereits universal, freischwebend — daran knüpft das umschriebene Parodieverfahren an —, zugleich jedoch, hinsichtlich ihrer Entstehungsumstände, rechneten sie weiterhin mit konkreten gesellschaftlichen Anlässen. Ihr Übergangscharakter gibt sich in dieser Unstimmigkeit kund. Ein bezeichnendes Produkt des allmählichen Auftauens und der Öffnung von Lebensbereichen stellt auch das Quodlibet des sechzehnten und frühen siebzehnten Jahrhunderts dar. Das unvermittelte Beziehen heterogener Gesellschaftssphären und deren Bewußtseinsformen aufeinander wurden selbst darin thematisch. Der Humor speist sich aus dem Durcheinanderwürfeln des bis dahin streng Getrennten — ein Verfahren, wie es die makkaronische Poesie anwandte und welches auch den manieristischen Bildern von Arcimboldo zugrunde liegt (vgl. ROGGE 1965).

Im neunzehnten Jahrhundert lockert sich das zusammenhaltende Band der Gattung so weit, daß Kirchenkompositionen wie Beethovens Missa solemnis und die Requiem-Werke von Berlioz, Verdi und Dvořák über den nominell weiter verpflichtenden Gattungsrahmen nach Besetzung wie nach Dauer hinausweisen und in der Regel nicht mehr innerhalb seiner, sondern im Konzertsaal erklingen — die genannte Komposition von Dvořák wurde nicht einmal für kirchliche Zwecke, sondern für das Chorfest von Birmingham (1891) geschrieben. Nachdem die Konzertprogramme die Vermischung von Gattungen weiter gefördert und auseinanderliegende Typen wie Kammermusik, Opernszene, Kirchenkomposition und Promenadenwalzer zu dichter Nachbarschaft auf dem Podium gezwungen hatten, räumten Medien der Masseninformation die noch bestehenden Bindungen räumlicher wie sozialer Art energisch beiseite. Das Opernhören, die letzte musikalische Zugangsform, die sich einem festumrissenen Gesellschaftsbereich samt dessen Verhaltensmustern unterzuordnen hatte, trennt sich dank der mechanischen Tonübertragung von seinem jahrhundertealten Gattungsboden ab. Die ästhetische Verselbständigung der Musik hat einen Grad erreicht, dessen Überbietung in technischer Hinsicht immer bevorstehen wird, ohne die bereits heute offenkundigen sozialen Folgen wesentlich steigern zu können. Schon gegenwärtig kann das außerästhetische, überwiegend kommunikative Moment innerhalb jeder Gattung — auch bei Jazz und Tanzmusik — abgestreift werden. Von seinem Ballast befreit, vollzieht sich die Konfrontation mit Werk und Wiedergabe in einem räumlich wie sozial nicht mehr voraussehbaren, schwebenden Zustand. Stellen die musikalischen Gattungen ursprünglich keine logisch reduzierbaren, vielmehr rein lebensbezogene Kategorien dar, wo Gesichtspunkte der Form, sodann der instrumentalen und vokalen Besetzung ineinanderfließen, so wird die Schwierigkeit erklärlich, die sich vor der Musikhistorie auftut, will sie den Gattungsbegriff widerspruchsfrei festlegen (Wiora 1965, S. 7—30). Dem Bedürfnis nach logischer Sauberkeit widersetzt sich das Paradox nicht minder, daß die Konzertsaalmusik des neunzehnten Jahrhunderts, hinsichtlich ihres Zustandekommens ein zusammengewürfeltes Konglomerat von zersetzten Gattungen, ihrerseits eine selbständige „Gattung" verkörpert, da sie für einen neuen, soziologisch zusammenschaubaren Rahmen — für das Publikum der Konzertveranstaltungen — charakteristisch werden sollte.

Wie die wirtschaftlichen und geistigen Produkte verschiedener, autochthon in sich ruhender Lebensbezirke durch Vermittlung des Abstraktums „Geld" aufeinander bezogen wurden, sobald die Warenwirtschaft erstarkte, setzten sich die Musikformen unterschiedlicher sozialer Herkunft in Beziehung zueinander. Dies geschah, indem das bis dahin latente ästhetische Moment in ihnen zur Selbständigkeit gelangte und mit dem gleichfalls abstrakten Maßstab künstlerischen Gelingens, des ästhetischen „Wertes", beurteilt wurde. Den Vorgang begleitete eine gewisse Überbewertung, wenn nicht gar Fetischisierung der „Wirkung" in der Musik. Auch darin verlagerte sich das Augenmerk vom gesellschaftlichen Komplex mehr und mehr auf die Eigenschaften des Werkes. Die naive Ansicht, wonach die Musik nicht als Begleitung, sondern als Ursache einer menschlichen Handlung aufzufassen sei, kennzeichnet die Neuorientierung des musikalischen Bewußtseins. Sie läßt sich der Belehrung von Vincenzo Giustiniani (1628) entnehmen, die Serenade stelle den Grund für die amourösen Empfindungen der damit bedachten Damen dar, und eine Kirchenmusik löse die religiöse Andacht der Gläubigen aus (Solerti 1903, S. 118 u. pass.). Das Wirkende, auch das künstlerisch Wirksame, fand in der funktionalen Kultur gleichfalls Berücksichtigung. Doch blieben die Urteile darüber von dem Gesichtspunkt konkreter Eignung ungetrennt. Dieser Umstand sichert den einstigen Aussagen über Musik, trotz Unlogik und geringer Differenziertheit, zugleich ihre Sachlichkeit. Die Perspektive, aus welcher das Urteil gefällt wurde, beschränkte sich nicht auf einen einzelnen, vielmehr bezog sie auch die Erwartungen der am gesellschaftlichen Akt Beteiligten mit ein. Von solcher heute fragwürdig anmutenden Objektivität zeugt ein anerkennendes Wort des genannten italienischen Amateurs: Mit dem ausgezeichneten Vortrag seiner Komposition habe ein Musiker die hochgestellten Damen, die gerade Salonkonversation führten, in ansehnlichem Maße erfreut. Indes ging die frühere Orientierung an der gesellschaftlichen Eignung von Musik immer mehr verloren. Während des achtzehnten Jahrhunderts, damit parallel, entstand eine musikalische Ästhetik, zu deren Aufgaben es zählt, den werkbezogenen, von sozialen Rücksichten unbeschwerten Zugang zu den Klangprodukten zu erarbeiten. Bei dieser Entwicklung fiel der Unterschied zwischen Ausübenden und Zuhörern — um an Besselers These zu erinnern — kaum ins Gewicht, und es ist bekannt, daß formale Verdichtung und

Vereinheitlichung, Anzeichen für jenen Emanzipationsvorgang, sich vornehmlich und am frühesten des Quartetts und der Triosonate, überhaupt derjenigen Musizierformen bemächtigten, die begrifflich keine passiven Zuhörer voraussetzen. Am Vortrag Tätige wie bloß Aufnehmende wirkten am Entstehungsprozeß einer ästhetischen Musikkultur mit, auch wenn letztere, gebärdeten sie sich weiterhin „umgangsmäßig", den um 1790 über seine Reiseerlebnisse berichtenden Johann Friedrich Reichardt wie noch unzählige Berufsmusiker des folgenden Jahrhunderts nur allzu oft zu Ausrufen des Unmuts veranlaßt haben.

Der Musikanschauung des neunzehnten Jahrhunderts läßt sich die stillschweigende These entnehmen, daß eine Komposition um so mehr Dignität aufweise, je weniger sie der Alltäglichkeit entsprungen sei. Eine Musik, die unverdrossen an ihrer praktischen Verwertbarkeit orientiert blieb, geriet in den Verdacht des Inferioren. Freilich wies sich die Geringschätzung der sogenannten Gebrauchsmusik dadurch als berechtigt aus, daß die Gattungen, welche sich zum Tanzen, zur Hervorhebung der Verbundenheit mit anderen oder zum Begehen von Wendepunkten des Lebens bereithielten, ihr ehemals gediegenes Gestaltungsniveau aufgaben und einen kommerziell gelenkten Kult mit ihrer eigenen Inferiorität trieben (Dahlhaus 1967). Indem ästhetisch wirksame Teilmomente aus den komplexen Formen der Geselligkeit herausgehoben wurden, vergrößerte sich das Gefälle zwischen Kunst und Gebrauchsmusik, während früher eine durchgehende Rücksichtnahme auf die soziale Eignung krasse Gegensätze solcher Art nicht aufkommen ließ. Blieben die „niedrigen", dem praktischen Dasein verhafteten Musikgattungen dank ihrer Beurteilung nach außerästhetischen Gesichtspunkten auch unter Verhältnissen der ästhetischen Kultur verhältnismäßig homogen, so wurde für die höhere Region eine Diskrepanz zwischen Einzelwerk und Gattung charakteristisch. Das Ringen des Komponisten um individuellen Ausdruck schlug sich als Kampf gegen konstitutive Züge der Gattung nieder. Die Größe der zuwege gebrachten Leistung ließ sich auch an der Entfernung ablesen, welche das Werk von den jeweils gültigen Gattungsmerkmalen weg durchmessen hatte. Es bedarf keiner näheren Erörterung, daß die durchgesetzte Originalität häufig durch künstlerische Brüchigkeit erkauft wurde.

Die Vielfalt der Anlässe, die im autarken Gruppenleben zum geselligen Verkehr geeignet waren, ließ zahlreiche musikalische Gattungen entstehen. Dieser sozial abgestufte Reichtum an musikalischen Typen wurde vom zivilisatorischen Fortschritt überdeckt, ohne daß er neue, wirklich originäre – und nicht bloß, wie in der Konzertsaalmusik, abgeleitete – Zweckformen hochgetrieben hätte. Den Schwund an Gebrauchsgattungen mag das Reiselied veranschaulichen: Noch im achtzehnten Jahrhundert wurde es auf Reisen zu Fuß und mit der Postkutsche, allein und in Gesellschaft zum beliebten Zeitvertreib gesungen und in vielen Sammlungen herausgegeben. Vom Dampfschiff und von der Eisenbahn mit einem Schlag überholt, fiel es der Vergessenheit anheim. Hält man sich auch sonst die Einengung und Verarmung der Gattungen vor Augen, so erscheint die Behauptung nicht vermessen, daß in musikalischer Hinsicht das angeblich individualistische neunzehnte Jahrhundert geradezu farblos wirkt, wenn es mit den mancherlei Festen und Aufzügen der vorangehenden Zeit verglichen wird. Der oft heraufbeschworene Individualismus der musikalischen Romantik erweist sich, bei sozialhistorischem Licht besehen, mehr als Wunschbild denn als gelebte Wirklichkeit. Jener Uniformierung, der das Individuum unterlag, vermochten sich die Rekompensationsmodelle überspitzter Freiheit nicht zu widersetzen. Ihr ist die Verengung des Blickfeldes auf die abstrakte, bloß ästhetische Tauglichkeit von Musik gemäß.

Darin ist impliziert, daß die ästhetisch eigenständige Musik nicht etwa ganz ohne Funktion blieb. Ihre Funktion jedoch kam nunmehr im privaten, seelischen Bereich zum Zuge und behauptete sich auf Umwegen, indem jedwede Funktionalität verneint wurde. Musik war, wenigstens auf ihrer Höhe, nicht extensive Begleitfigur mehr im menschlichen Verkehr, sondern sie verklärte die Innensphäre und rechtfertigte deren Abschirmung gegen das Treiben der Öffentlichkeit. Sie wurde zur Versprechung und zum einstweiligen Surrogat einer idealischen Welt, zum stilisierten Selbstbildnis des eigenen besseren Ich, das sich als solches draußen im marktschreierischen Alltag nicht zu behaupten vermochte — ihre gegen das Wirkliche und Handfeste gerichtete Spitze trat um so unverhohlener zutage, je absoluter sie als Kunst, als die höchste aller Künste, gesetzt wurde. Die Auszeichnung der Instrumentalmusik auf Kosten der vokalen motiviert sich durch die Entrücktheit des textlosen Klanges von der vertrauten, entfremdeten Alltagsempirie. Indem die Musik zur abstrakten Allgemeinheit hinaufstilisiert wurde, entschädigte sich die Zeit, fern von darauf gerichteter Reflexion, für das beschämende Scheitern, das der um 1800 in Angriff genommenen Demokratisierung des Musiklebens widerfahren war. Die vom Pestalozzi-Schüler Nägeli mit Vehemenz vertretene Forderung, die Musik müsse allen zugänglich sein, verlor trotz der Gründung von Singvereinen und Liedertafeln mehr und mehr ihren Schwung, verlor übrigens auch an Lebensnähe, da sich der Ausbau bürgerlicher Garantien nach den napoleonischen Kriegen nicht im Zeichen weiterer Demokratisierung, sondern wider sie vollzogen hat. Neuaristokratie und Großbürgertum, Träger des wiederhergestellten Friedens, konnten sich mit der metaphysischen Vorstellung, die Musik verkörpere das Prinzip der Welt, leichter befreunden als mit dem Verlust ihrer Privatkapellen und Opernbühnen. Die Allgemeinheit der Musik wurde nicht mehr in der widerspenstigen Realität angestrebt. Leicht ließ sich die Welt der Töne auf der Höhe spekulativer Deduktion, exemplarisch bei Schopenhauer, in den Gemeinbesitz aller Menschen hinüberführen.

Entgleiste die seinerzeit progressive Forderung, Musik müsse vergesellschaftet werden, schon auf der theoretischen Ebene, so wurde ihr auch in praktischer Hinsicht eine Zerrdeutung zuteil, indem sie das Leben massenweise überflutete. Musik blieb im Sinne vulgärer Allgemeinheit bloß gemein. Bereitwillig fügte sie sich zum wohlfeilen Attribut jener fetischisierten „Freizeit", die als Folge der Polarisierung von Arbeit und biologischer wie geistiger Regeneration einen unüberhörbaren Akzent im neunzehnten Jahrhundert hat. Im Gegensatz zum gesellschaftlichen Charakter der Arbeit haftet der Freizeit eine schwer durchdringliche Privatheit an. Da bei einem Stand, wo die Unternehmer von Arbeitspsychologie keine Ahnung besaßen, die Musik während des Produktionsvorganges zu schweigen hatte, bemächtigte sich das Ressentiment gegen alles, was Öffentlichkeit und

Kontrolle war, auch und vornehmlich der Musik. Um von einem Ausdruck von Andreas Werckmeister (1689) Gebrauch zu machen: Ihr wurde die Weihe „musikalischer Privatlust" angehängt. Die Privatheit bildet in der kapitalistischen Gesellschaft einen Wesenszug von Musik, und wenn diese erklingt, schwingt ein unartikulierter Protest gegen die uniformierende Arbeit in ihr mit. Nicht nur der kalkulierte Arbeitsvorgang intensivierte sich der genannten Polarisierungstendenz zufolge: Auch die Arten des Vergnügens wurden maßloser. In England, wo die Industrialisierung am weitesten vorangetrieben war, nahm der musikalische Konsum vom ausgehenden siebzehnten Jahrhundert an rapide zu und gab sich, unbefangen genug, als sinnlicher Genuß zu erkennen. Anders prägte sich die musikalische Verhaltensweise in Deutschland aus. Noch im achtzehnten Jahrhundert erschien sie unter mancherlei theologischen Klauseln als gottgefällige *„Gemüths-Ergötzung"* und war bestrebt, sich auch sonst moralische Untadeligkeit zu bescheinigen — eine Komposition von Johann Caspar Fischer bot sich eigens zu *„wohlerlaubten musikalischen Nebenstunden"* an. Am Ende des achtzehnten Jahrhunderts indes bedurfte der sinnliche Zugang zur Musik auch im Land der zurückgenommenen Aufklärung keiner Tarnung mehr. Lustlose gesellschaftliche Arbeit und sinnlich ausgekostete Privatheit bildeten nunmehr auch hier die Furchen im bürgerlichen Janusgesicht. Wie Rubens der Maler emsiger niederländischer Handelsleute wurde, die zwielichtige Gestalt von John Cleland die Städte der lärmenden Industrialisierung mit Lektüre versorgte, gehörten die kulinarischen Klänge von Richard Strauss zum Anblick nüchterner Wohnkasernen vor dem ersten Weltkrieg. Das Herbeisehnen dionysischen Weltrausches überwindet nicht, wie Nietzsche es wollte, sondern ergänzt die verlogene Arbeitsmoral. Die gegenwärtige Zersetzung des bürgerlichen Bewußtseins verheißt in diesem Betracht gewisse Änderungen. Die Arbeitszeitverkürzung scheint sich auch auf die neuere Musik auszuwirken und die schizophrene Aufspaltung in private Lust und öffentliche Unlust wieder rückgängig machen zu wollen. Genußsucht ist in der avancierten Musik höchstens noch als Umschlag in Askese vorhanden.

III.

An die Stelle des Kriteriums sozialer Eignung trat in der jüngeren Musikgeschichte ein neues, wonach die jedesmalige Einbeziehung des gesellschaftlichen Rahmens in die Beurteilung entbehrlich wurde. Dies ist der Maßstab musikalischer Schönheit, der von der sozialen Tauglichkeit des Werkes abstrahiert. Das sich herauslösende ästhetische Moment bildete nunmehr das Tertium comparationis, auf welches Kompositionen unterschiedlicher Gattung und Bestimmung bezogen werden konnten. Gibt sich auch „schön" als der verengte und zugleich verflüchtigte Nachfolgebegriff von sozialer Eignung zu erkennen, so tauchte das Wort dennoch früh, noch inmitten der funktionalen Musikkultur auf. Beachtenswert erscheint aber der noch unbefangene, ästhetisch neutrale Sinn, den es auf vielen Titelblättern von musikalischen Sammlungen trägt — verbreitet vom ausgehenden sechzehnten Jahrhundert an, bleibt er für lange Zeit gegen „lieblich" und „anmutig" austauschbar (vgl. Göhler 1902). Als jedoch der Begriff des Schönen einen emphatischen Akzent annahm und im Zuge der Festigung ästhetischer Kultur zum Kernbegriff der theoretischen Auseinandersetzungen in Literatur, Kunst und Musik des achtzehnten Jahrhunderts wurde, zog sich das Wort von den Titelblättern praktischer Musik zurück. Ihren Anspruch, als schön zu gelten, gab die Musik damit nicht auf; daß sie als solche gelten wollte, wandelte sich vielmehr in eine Selbstverständlichkeit um, die nicht eigens verkündet zu werden brauchte. Alle Aussagen über Musikwerke liefen direkt oder über Umwege auf die Konstatierung und Leugnung von Schönheit hinaus. Es war sogar gängig, im historischen Rückblick etwa die Triosonaten eines Komponisten für mehr oder weniger „schön" zu halten als etwa seine kirchlichen Vokalwerke — gegenüber der Verschiedenheit sozialer Bestimmung beider zeigte man sich blind. Solchem Aneinanderreihen von „schönen Stellen" ohne Rücksicht auf den konkreten Stellenwert entwuchs das Potpourri, das die Veranstaltungen des neunzehnten Jahrhunderts beherrschte. In ihm spiegeln sich Grundzüge einer Musikkultur wider, für welche der vormalige Sinnzusammenhang einer Gruppenhandlung gleichgültig wurde und nur deren ästhetischer Extrakt denkwürdig erscheint — ein ebenso banales wie bezeichnendes Produkt kapitalistischer Kulturherstellung, durch welche das geschichtlich Getrennte zusammengebracht, das einst Unmögliche praktizierbar wird (PENKERT 1911).

Die Umgrenzung und Heraushebung des ästhetisch Wirksamen aus dem Lebensganzen sind ihrer logischen Natur nach analytisch. Sie verliefen zeitlich parallel mit der Aufgliederung der geistigen und psychischen Schichten innerhalb der Persönlichkeitsstruktur, die von der rationalistischen Philosophie vorgenommen wurde. Der Grundsatz des „Individuum est ineffabile", der die mittelalterliche Auffassung vom Menschen zusammenfaßt, wich der Vorstellung, daß die geistige Aktivität sich aus mannigfaltigen Fähigkeiten zusammensetze, welche je bestimmten Segmenten der Außenwelt zugeordnet sind. Baumgartens Ästhetik bezweckte eine Analyse der unteren Seelenvermögen. Die Aufteilung der inneren Sphäre trug dabei der fortschreitenden Differenzierung von Wirtschaft, Technik, geographischem und historischem Wissen Rechnung und versuchte deren enzyklopädisch geordnete Bewältigung. Zur Erfassung des verselbständigten ästhetischen Moments innerhalb der Sachwelt wurde ebenfalls ein Organ konstruiert, das mit dem Namen Geschmack belegt wurde. *„Der Geschmack"*, heißt es bei Johann George SULZER (1771), *„ist im Grunde nichts anders, als das Vermögen das Schöne zu empfinden."*

Geschmack wurde das subjektive Korrelat auch zum Musikalisch-Schönen genannt, *„die ursprüngliche Anlage zur Beurteilung des Schönen und Erhabenen"* (ENCYCLOPÄDIE 1836). Als Wortprägung stellt er ebensowenig eine Neuschöpfung dar wie die Kategorie des Schönen. Vielmehr besteht die Leistung zweier Generationen am Anfang des achtzehnten Jahrhunderts darin, daß er in seiner schon damals gängigen metaphorischen Bedeutung schärfer umrissen, von den allerlei Nebenaspekten, in welchen auch das Schickliche und ethisch Integre enthalten war, abgetrennt und dem engeren ästhetischen Bereich zugeführt wurde. Auch diese Begriffsumdeutung vollzog sich mit Verspätungen und Vorwegnahmen. Während das Wort in Graciáns höfischem Etikettenbuch von 1694 den Sinn von künstlerischer Beurteilung und standesgemäßer Gesinnung gleichzeitig besitzt, waren die Italiener schon Jahrzehnte zuvor mit der spezifisch ästhetischen Färbung des Begriffs vertraut.

Bottrigaris (1594) abfällige Bemerkung, Sänger und Instrumentalisten seiner Zeit bekundeten „*poco gusto*" bei den musikalischen Aufführungen, zählt zu den frühesten Belegen dieser Art. Im siebzehnten Jahrhundert begegnet der Ausdruck in der italienischen Literatur schon häufig, etwa bei Frescobaldi, der im Vorwort zum *Ersten Buch von Tokkaten und Partiten* aus dem Jahre 1637 die Tempowahl dem „*guten Geschmack und feinen Urteil*" des Spielers überläßt.

Die Metapher entsprach in mehr als einer Hinsicht der vollzogenen Hinwendung zur ästhetischen Kultur. Sie spielt auf die genußhafte Einstellung gegenüber der Musik an, und die Ähnlichkeit zwischen ästhetischem Aufnehmen und sinnlichem Verzehren, die sie suggeriert, wurde zuweilen auch beredt ausgeführt, mit pedantischer Beharrlichkeit etwa im Vorwort von Kuhnaus *Frischen Clavier-Früchten* aus dem Jahre 1696.

Die ästhetische Nutzbarmachung des Geschmacksbegriffs hängt mit dem Ausbau der bürgerlichen Privatsphäre eng zusammen. Sobald ein kollektiver Akt wie Gottesdienst oder symbolische Staatshandlung seine Fähigkeit, soziale Integration zu bewirken, einbüßte und zu bloßer Konvention wurde, verwandelte sich die dabei erklingende Musik in einen Gegenstand ästhetischer Privaturteile. Die Aufzeichnungen des mehrfach erwähnten italienischen Edelmannes Vincenzo Giustiniani aus dem Jahr 1628 zeigen deutlich, daß religiöse Handlungen in der Kirche zu konventioneller Hülle werden und, damit parallel, die Qualität der dort dargebotenen Musik darüber bestimmt, ob sich der eigene Kirchenbesuch verlohne oder nicht. Der Triumph der ästhetischen Kultur über die funktionale kann nicht vollendeter sein.

Der Aufsatz entspricht weitgehend dem Text eines Vortrags, der im Staatlichen Institut für Musikforschung im Januar 1969 im Rahmen der Reihe *Musikwissenschaftliches Kolloquium* unter dem allgemeinen Thema *Musik als historisches Phänomen* gehalten wurde. In der anschließenden Diskussion ist vornehmlich die These behandelt worden, daß zwischen Avantgarde und musikalischer Jugendbewegung eine Verwandtschaft bestehe. Die von Carl Dahlhaus aufgeworfene Frage, ob der aktuelle Stand der Musik noch mit dem Gegensatz „funktional" und „ästhetisch" umschrieben werden könne und nicht vielmehr eine dritte Kategorie zu seiner Charakterisierung notwendig erscheine, führt das hier gestellte Thema weiter.

Auf seinen Aufsatz über *Die neue Musik und das Problem der musikalischen Gattungen*, der während der Drucklegung des vorliegenden Bandes erschien (in: *Gestaltungsgeschichte und Gesellschaftsgeschichte*, hrsg. von H. Kreuzer, Stuttgart 1969), sei wegen der Verwandtschaft der Themenstellung hingewiesen.

An die historische Behandlungsart des Vortrags knüpft der Aufsatz *Zur Deutung des musikalischen Geschmacks* an, der im 9. Band der *Veröffentlichungen des Instituts für Neue Musik und Musikerziehung* (hrsg. von Rudolf Stephan, Berlin 1968) erschienen ist.

ZUSAMMENFASSUNG

Anknüpfend an die Diskussion, die in den fünfziger Jahren zwischen der musikalischen Jugendbewegung und der Avantgarde geführt wurde, stellt der Aufsatz den idealtypischen Gegensatz von funktionaler und ästhetischer Musikkultur auf. In der ersteren erfüllt die

Musik eine konkrete, lebensbezogene Aufgabe, indem sie soziale Ereignisse begleitet. Obgleich sie wörtlich eine „Dutzendware“ darstellt, haften ihr Merkmale von künstlerischer Gestaltung an. Aber das ästhetische Moment verselbständigt sich nicht in ihr, sondern vermischt sich mit Gesichtspunkten der gesellschaftlichen Eignung. In der ästhetischen Musikkultur wird von solchen Rücksichten abgesehen. Statt Eignung bestimmt jetzt die losgelöste ästhetische Qualität das Urteil über Musik. Die Gattungen fließen ineinander über, und der Gattungsbegriff selbst wird problematisch. Der Geschmack als ästhetische Norm entsteht; er wird zum Teil der aufkommenden Privatautonomie.

LITERATUR

Adorno, Theodor W.: Dissonanzen — Musik in der verwalteten Welt. Göttingen.
3/1963

ders.: Philosophie der neuen Musik. Frankfurt/M.
2/1958

Besseler, Heinrich: Grundfragen des musikalischen Hörens.
1925 In: Jahrbuch der Musikbibliothek Peters, Jg. 32, 35—52. Leipzig.

Bottrigari, Hercole: Il Desiderio overo de' concerti di varii strumenti musicali. Venedig.
1594

Dahlhaus, Carl: Vorwort zu Studien zur Trivialmusik des 19. Jahrhunderts, hrsg. von C. Dahlhaus,
1967 Bd. 8 der Studien zur Musikgeschichte des 19. Jahrhunderts. Regensburg.

Encyclopädie der gesammten musikalischen Wissenschaften oder Universal-Lexicon der Tonkunst,
1836 hrsg. von Gustav Schilling, Bd. 3, Artikel „Geschmack“. Stuttgart.

Göhler, Albert: Verzeichnis der in den Frankfurter und Leipziger Meßkatalogen der Jahre 1564
1902 bis 1759 angezeigten Musikalien. Leipzig.

Jöde, Fritz: Unser Musikleben — Absage und Beginn. Wolfenbüttel.
1923

Penkert, Anton: Das Gassenlied — Eine Kritik. Leipzig.
1911

Rogge, Wolfgang: Das Quodlibet in Deutschland bis Melchior Franck. Wolfenbüttel/Zürich.
1965

Solerti, Angelo: Le origini del melodramma — Testimonianze dei contemporanei. Turin.
1903

Sulzer, Johann George: Allgemeine Theorie der Schönen Künste, Bd. 1, Artikel „Geschmack“.
1771 Leipzig.

Wagner, Richard: Sämtliche Schriften und Dichtungen, Volksausgabe, Bd. 4. Leipzig.
6/o. J.

Wiora, Walter: Die historische und systematische Betrachtung der musikalischen Gattungen.
1965 In: Deutsches Jahrbuch der Musikwissenschaft, 7—30. Leipzig.

Wolff, Hellmuth Christian: Die Venezianische Oper in der zweiten Hälfte des 17. Jahrhunderts —
1937 Eine historisch-soziologische Untersuchung. Berlin.

NAMEN- UND SACHREGISTER

LEBENSLÄUFE

Olga Adelmann. Geboren 1913 in Berlin. Lernte ab 1934 Geigenbau bei Otto Möckel; 1940 Meisterprüfung. Arbeitete danach selbständig wie auch bei anderen Meistern. Seit 1955 Restauratorin vorwiegend für Streich- und Zupfinstrumente im Musikinstrumenten-Museum des Staatlichen Instituts für Musikforschung.

Carl Dahlhaus. Geboren 1928 in Hannover. Studierte Musikwissenschaft an den Universitäten Göttingen und Freiburg i. Br.; 1953 Dr. phil. Göttingen mit einer Dissertation über die Messen Josquins des Prez. 1950 bis 1958 Dramaturg am Deutschen Theater Göttingen; 1958–60 Stipendiat der Deutschen Forschungsgemeinschaft; 1960–62 Redakteur an der Stuttgarter Zeitung. 1962–66 Sachbearbeiter der landeskundlichen Abteilung im Musikwissenschaftlichen Institut der Universität Kiel; habilitierte sich 1966 an der Universität Kiel mit „Untersuchungen über die Entstehung der harmonischen Tonalität". 1966/67 Wissenschaftlicher Rat an der Universität des Saarlandes. Seit 1967 Ordinarius für Musikwissenschaft an der Technischen Universität Berlin.

Klaus Hortschansky. Geboren 1935 in Weimar. Studierte Musikwissenschaft an der Musikhochschule Weimar, an der Freien Universität Berlin und an der Universität Kiel; 1966 Promotion zum Dr. phil. 1965–1968 Assistent am Musikwissenschaftlichen Institut der Universität Kiel. Seit 1968 Assistent am Musikwissenschaftlichen Institut der Universität Frankfurt/M.

Ekkehard Jost. Geboren 1938 in Breslau. 1959 bis 1965 Studium der Musikwissenschaft, Psychologie und Physik an der Universität Hamburg; 1967 Promotion zum Dr. phil. mit einer Arbeit über „Akustische und psychometrische Untersuchungen an Klarinettenklängen". Seit 1967 Mitarbeiter am Staatlichen Institut für Musikforschung.

Winfried Kirsch. Geboren 1931 in Dresden. Musikalische Ausbildung (Klavier, Dirigieren) und Tätigkeit in Berlin, Fulda und Frankfurt/M. Studierte Musikwissenschaft an der Joh.-Wolfg.-v.-Goethe-Universität Frankfurt/M., 1958 Dr. phil.; anschließend drei Jahre Stipendiat der Deutschen Forschungsgemeinschaft. Seit 1962 Wissenschaftlicher Assistent am Musikwissenschaftlichen Institut der Universität Frankfurt/M.

Tibor Kneif. Geboren 1932 in Preßburg. Studierte Rechtswissenschaft an den Universitäten Budapest und Göttingen; schloß hier Studium der Musikwissenschaft, Philosophie und Soziologie an; 1955 Dr. jur. Budapest, 1963 Dr. phil. Göttingen. 1965—1967 Stipendiat der Deutschen Forschungsgemeinschaft und wissenschaftlicher Mitarbeiter am Frankfurter Institut für Sozialforschung. Seither wissenschaftlicher Assistent am Musikwissenschaftlichen Institut der Freien Universität Berlin.

Rudolf Stephan. Geboren 1925 in Bochum. Studierte Musikwissenschaft in Heidelberg und Göttingen; dort 1950 Promotion („Die Tenores der Motetten ältesten Stils"). Von 1950 bis 1963 als Musikschriftsteller freiberuflich tätig. 1963 Habilitation in Göttingen („Antiphonarstudien"). Seit 1967 Ordinarius für Musikwissenschaft an der Freien Universität Berlin.

FSC
www.fsc.org
MIX
Papier | Fördert gute Waldnutzung
FSC® C083411

Kolibri 360 GmbH
Ferdinand-Jühlke-Straße 7
99095 Erfurt, Deutschland
produktsicherheit@kolibri360.de